高职高专“十二五”规划教材

牵引供电规程与规则

韩保全　韩红强　主　编
林晓静　王明明　副主编

化学工业出版社
·北京·

本书全面系统地讲解了铁道牵引供电领域的供电专业规程与规则。全书共分九章；绪论，公用规章，铁路电力安全工作规程，牵引变电所安全工作规程，接触网安全规章，供用电管理，非正常情况下应急处理，供用电计量管理，计算机报表。本书既尊重国家各种规章与规则内容的阐述，又根据当前铁路生产管理现状进行了诠释，对非正常情况下应急处理措施进行了重点介绍。

本书可作为铁道电气化、供用电、城市轨道供电专业的教材，同时还可供铁道运输、通信、信号、线路、机车车辆专业方面的工程技术人员学习参考。

图书在版编目（CIP）数据

牵引供电规程与规则/韩保全，韩红强主编. —北京：化学工业出版社，2013.5（2023.1重印）
高职高专“十二五”规划教材
ISBN 978-7-122-17079-8

Ⅰ.①牵…　Ⅱ.①韩…②韩…　Ⅲ.①电力牵引-供电-规程-高等职业教育-教材　Ⅳ.①TM922.3-65

中国版本图书馆CIP数据核字（2013）第080552号

责任编辑：张建茹　潘新文　　文字编辑：云　雷
责任校对：顾淑云　　装帧设计：刘亚婷

出版发行：化学工业出版社（北京市东城区青年湖南街13号　邮政编码100011）
印　　刷：北京云浩印刷有限责任公司
装　　订：三河市振勇印装有限公司
787mm×1092mm　1/16　印张9¾　字数240千字　　2023年1月北京第1版第7次印刷

购书咨询：010-64518888　　售后服务：010-64518899
网　　址：http://www.cip.com.cn
凡购买本书，如有缺损质量问题，本社销售中心负责调换。

定　　价：35.00元

前　　言

近年来，中国铁路坚持以科学发展观为指导，立足经济社会发展大局，紧紧抓住加快铁路发展的黄金机遇期，全面推进和谐铁路建设，大规模铁路建设取得重要成果，技术装备现代化实现了历史性跨越，尤其是高原铁路、高速铁路、高寒铁路和重载铁路运输技术方面达到了世界先进水平。中国是世界上高速铁路发展最快、系统技术最全、集成能力最强、运营里程最长、运营速度最高、在建规模最大的国家，因此，如何保证铁路运输安全就显得更加重要。

本书是根据国务院办公厅发布关于安全生产“十二五”规划的通知精神，要深入开展高速铁路运输安全隐患治理，加强高速铁路运营安全监管和设备质量控制的要求而编写的铁路安全专业培训教材，通过对本书的学习，可使电气化铁道广大技术人员、现场职工和职业技术学院供电专业学生得到系统化学习，规范职业安全，确保电气化铁道供电的安全可靠性，全面提高安全教育质量。作者本着安全规范性、标准实用性的原则，循迹中国电气化铁道供电运营管理的流程，参照高校教材体例及近年来电气化铁道供电系统发生的有代表性的案例，对照各种安全规则进行剖析，编写了《牵引供电规程与规则》一书。

本书系统地介绍了中国电气化铁路牵引供电系统施工、维修现场必须遵守的各项安全规章、工作规程、管理标准、及非正常情况下的应急处理措施，结合各类案例进行了科学分析并对案例中的措施进行了详细的讲解。

本书由韩保全、韩红强任主编。参与该书编写的有韩保全、韩红强、林晓静、王明明。在编写过程中得到了郑州铁路局郑州供电段、郑州铁路职业技术学院、化学工业出版社等单位的大力协助，在此一并表示感谢。

编者

2013 年 5 月 6 日

目　　录

第一章　绪　　论

随着中国经济体制的不断发展，依法治国正在逐步形成和完善，铁路运输的机制要不断地更新才能适应社会的发展需要。为了保证铁路运输的畅通，铁路供电设备必须更新，特别近年准高速和高速电气化铁路的建设，迫切要求加强铁路供电系统的工作，只有进一步提高科学管理水平和工作效率，才能更好地为运输生产服务。同时，电气化铁路的发展对供电设备运营管理工作所面临的“三高”的危险更加严峻。为保证人身和设备安全，铁道部及有关铁路局、处以文件形式制定颁发了铁路供用电规程和规则，从事铁路供电工作的人员必须严格执行有关规程和规则。因此应加大规程和规则的学习，强化安全意识，树立“安全第一”的思想，确保人身和设备的安全，把铁路供电事业推向一个新台阶，真正做到铁路运输四通八达，畅通无阻。

第一节　安全规程

从事铁路供电的人员必须对铁道部近年所颁布的有关电气化铁路方面的规程、规则有所了解，对于重点的规程、规则必须严格掌握，用规程、规则指导安全生产。下面是部颁有关电气化铁路的安全规程、规则。

1.《铁路交通事故应急救援和调查处理条例》

过去，由于铁道部在铁路交通事故处理过程中一直沿用一九七九年制定的事故赔偿条例，严重不符合今天时代的要求，为此二〇〇七年六月二十七日国务院第182次常务会议通过了一个条例，二〇〇七年七月十一日中华人民共和国国务院总理温家宝第501号批准了《铁路交通事故应急救援和调查处理条例》，自二〇〇七年九月一日起施行。

2.《铁路电力安全工作规程》

为了搞好铁路供电的安全运行和检修工作，提高电力的设备质量、供电质量和管理水平，以适应现代化铁路的发展需要，铁道部自1999年9月1日以（1999）铁机字103号文（现场简称103部令）颁布实施。现场简称《安规》。

3.《牵引变电所安全工作规程》

为了搞好牵引变电所安全运行和检修工作，提高牵引变电所的设备质量、供电质量和管理水平，特别是近年来铁路一再提速，为适应现代化铁路的发展需要，铁道部自1999年9月1日以（1999）铁机字101号文（现场简称101部令）颁布实施。现场简称《安规》和《检规》。

4.《接触网安全工作规程》

为了接触网安全运行和检修工作的需要，提高接触网的设备质量和管理水平，以适应现代化铁路的发展需要，铁道部自2007年4月4日以（2007）铁机字69号文（现场又简称69

部令）颁布实施。现场简称《安规》

5.《电气化铁路有关人员电气安全规则》

为了贯彻执行国务院发布的有关安全规定精神，保证电气化铁路沿线人民生命财产安全，适应电气化铁路发展以及新建电气化线路送电通车的安全宣传要求，铁道部自1979年4月26日以（79）铁机字654号文发布实施。要求对通往电气化区段的乘务人员、押运人员及电气化铁路沿线路内外职工、城乡广大人民群众组织传达学习和广为宣传，为有效地预防触电伤亡事故发生，保证铁路运输安全。

第二节 管理规程

1.《铁路技术管理规程》

铁路是国民经济的大动脉，具有高度集中，半军事性，各个工作环节紧密联系和协同动作的特点。为使各部门、各单位、各工种安全、准确、迅速、协调地进行生产活动，更好地为运输生产服务，铁道部自2007年4月1日以铁道部第29号文件发布实施。现场简称《技规》。《铁路技术管理规程》规定了铁路各部门、各单位从事运输生产时，必须遵守的基本原则，是铁路管理的基本法规。要求铁路各部门、各单位制定的规程、规范、规则、细则、标准和办法等都必须符合《铁路技术管理规程》的规定。

对铁路工作人员的要求如下。

铁路行车有关人员，在任职、提职、改职前，必须经过拟任职业的任职资格培训，并经职业技能鉴定、岗位任职资格考试合格，取得相应等级的职业资格证书和相关岗位任职资格后方可任职。

在任职期间，应按规定周期参加任职岗位适应性培训和业务考试，考试不合格的，不得上岗作业。

铁路行车有关人员，在任职前必须经过健康检查，身体条件不符合拟任岗位职务要求的，不得上岗作业。

在任职期间，要定期进行身体检查，身体条件不符合任职岗位要求的，应调整工作岗位。

铁路行车有关人员在执行职务时，必须坚守岗位，穿着规定的服装，佩带易于识别的证章或携带相应证件，讲普通话。

铁路行车有关人员，接班前须充分休息，严禁饮酒，如有违反，立即停止其工作所承担的任务。

2.《牵引供电事故管理规则》

为了加强对牵引供电事故的调查分析，做好事故的统计管理，制定有效的防止措施，搞好安全运输生产，铁道部自1985年6月1日以（85）铁机字124号文发布实施，现场简称《供电事规》。

3.《电气化铁路接触网事故抢修规则》

为了保证铁路的安全运行，一旦接触网发生故障，能迅速出动，及时抢修，尽快地恢复供电和行车，最大限度地减小事故损失和对运输的干扰，铁道部自2009年3月21日以铁机（2009）39号文发布实施。现场简称《抢规》。

4.《供电安全风险管理实施意见》(运供供电函［2012］156号)

为在牵引供电系统深入开展安全风险管理实施活动，铁道部自2012年4月23日以来；要求供电段每年对牵引供电工作要按季、年组织段管内，按全面质量管理基础，“三定”、“四化”记名检修，设备质量，安全生产和主要指标五个方面检查内容进行评比，依“一切用数据说话”的原则以提高工作质量来确保供电质量。

5.《铁路营业线施工安全管理工作》

为了保证电气化铁路的安全运行，适应扩能和运输需要，铁道部自2012年1月起以铁运（2012）280号文公布实施。

此外铁道部还以文件形式下发了牵引供电有关如《“天窗”时间接触网检修作业基本要求》、《晶体管继电保护检验标准》、《真空断路器检验标准》、《提高电化区段“天窗”兑现率保证安全供电和正常运输的通知》和《公布牵引供电四种报表的通知》等。在以后的章节中重点对主要部颁牵引供电规程、规则进行讲解。

第二章　公用规章

第一节　事故管理条例

由于铁道部在铁路交通事故处理过程中一直沿用1979年制定的事故赔偿条例，严重不符合今天时代的要求，为此2007年6月27日国务院第182次常务会议通过了一个条例，也促使《铁路交通事故应急救援和调查处理条例》的诞生。

一、中华人民共和国国务院令

二〇〇七年七月十一日中华人民共和国国务院总理温家宝第501号批准了《铁路交通事故应急救援和调查处理条例》，这个条例是经2007年6月27日国务院第182次常务会议通过的，自2007年9月1日起施行。

二、铁路交通事故应急救援和调查处理条例

为了加强铁路交通事故的应急救援工作，规范铁路交通事故调查处理，减少人员伤亡和财产损失，保障铁路运输安全和畅通，根据《中华人民共和国铁路法》和其他有关法律的规定，制定了铁路交通事故应急救援和调查处理条例，条例适应范围为铁路机车车辆在运行过程中与行人、机动车、非机动车、牲畜及其他障碍物相撞，或者铁路机车车辆发生冲突、脱轨、火灾、爆炸等影响铁路正常行车的铁路交通事故的应急救援和调查处理。铁路运输企业和其他有关单位、个人应当遵守铁路运输安全管理的各项规定，防止和避免事故的发生。事故发生后，铁路运输企业和其他有关单位应当及时、准确地报告事故情况，积极开展应急救援工作，减少人员伤亡和财产损失，尽快恢复铁路正常行车。任何单位和个人不得干扰、阻碍事故应急救援、铁路线路开通、列车运行和事故调查处理。

案例 2-1

震惊中外的杨庄事故

（一）事故概况

1978年12月16日3时12分，郑州铁路分局郑州机务段司机马××、副司机阎××，驾驶东风3型0194号内燃机车，牵引由西安到徐州的368次旅客列车，编组13辆，按照列车运行图规定，应在陇海东线杨庄车站停车6分，等会由南京开往西宁的87次旅客快车。由于司机、副司机在行车中打瞌睡，运转车长王××擅离岗位，与别人聊天，当列车进入杨庄车站后，没有停车，继续以40公里时速前进，以至越出出站信号机43米，在一号道岔处与正在以每小时65公里速度进站通过的87次旅客快车第六节车厢侧面相撞，造成重大旅客列车伤亡事故。

（二）原因分析

（1）旅客伤亡惨重：旅客死亡106人，重伤47人，轻伤171人。其中有工人、农民、解放军指战员、知识分子、国家干部，还有年逾花甲的老人、年富力强的青壮年、天真烂漫的儿童和未满周岁的婴儿。著名的五笔字型发明人王永民也是此次事故的受害者，但幸免于难。受伤者中，有的终身残废，有的连续昏迷一年多时间，有的成为植物人，还有一些人不同程度地丧失了劳动和生活能力。

（2）经济损失重大：背侧面冲撞的87次客车的第6、7、8、9节车厢颠覆，第10节车厢脱轨，其中第8、9节车厢被撞碎，368次机车脱轨。中断行车9小时3分，影响客车36列、货车34列。机车中破1台，客车报废3辆、大破2辆，损坏钢轨14根、枕木308根、电动道岔一组，直接损失55.4万多元。处理杨庄事故善后事宜的办事机构直到1985年8月28日才停止工作。根据不完全统计，几年中仅郑州铁路分局用于治疗、埋葬、接待伤亡旅客亲属和各种赔偿的费用就达50.72多万元。

（3）政治影响恶劣：杨庄事故发生在粉碎“四人帮”之后，全面建设社会主义现代化的新时期开始之时，事故发生后，美联社、法新社等一些西方国家的新闻媒体，通过多种形式了解事故状况，并迅速向全球作了详细报道，造成了极坏的政治影响。在国内，社会各界纷纷批评说：“火车好坐，郑州难过”、“路过郑州局，不敢松口气”。由此可见，杨庄事故的发生，使郑州铁路局的声誉遭到了严重的损害。

（三）措施

造成杨庄事故中两列旅客列车高速相撞的根本原因，完全是由于担任乘务工作的正、副司机和运转车长严重违反劳动纪律。这表明当时劳动纪律的涣散程度，已经到了不可容忍的地步。1979年1月26日，国务院专门发出了题为《关于陇海线杨庄车站发生旅客列车相撞重大事故的通报》的23号文件，沉痛哀悼殉难旅客，向所有殉难者家属和受伤者表示亲切慰问，并指示全国各有关单位做好事故的善后工作。国务院的《通报》严肃指出：“这次事故人员死伤之多，财产损失之大，是新中国成立以来最严重的”。在此之前，中共铁道部党组于1978年12月18日，以71号文件形式，向党中央、国务院写出了《关于杨庄车站发生旅客列车侧面相撞重大伤亡事故的报告》，“深感内疚，深感有负于党、有负于人民”，并决定今后每年的12月16日为全路的安全教育日。1980年1月1日，郑州铁路局和中共郑州铁路局政治部联合作出决定，把杨庄事故作为全局的“局耻”，号召全局职工和家属振奋精神，誓雪“局耻”，不消灭事故誓不罢休。1979年10月19日，郑州市中级人民法院在郑州局召开杨庄事故案审判大会，根据中国有关法律规定，对重大事故直接责任人司机马××判处有期徒刑10年；判处事故直接责任人副司机阎××有期徒刑5年；判处事故直接责任人运转车长王××有期徒刑3年，缓刑3年。同时国务院和铁道部分别对有关部局、分局、站段的领导给予严肃的行政处分。

第二节　事故处理规定

一、事故分类

根据事故造成的人员伤亡、直接经济损失、列车脱轨辆数、中断铁路行车时间等情形，事故等级分为特别重大事故、重大事故、较大事故和一般事故。

1. 特别重大事故

① 造成30人以上死亡，或者100人以上重伤（包括急性工业中毒，下同），或者1亿元以上直接经济损失的；

② 繁忙干线客运列车脱轨18辆以上并中断铁路行车48h以上的；

③ 繁忙干线货运列车脱轨60辆以上并中断铁路行车48h以上的。

2. 重大事故

① 造成10人以上30人以下死亡，或者50人以上100人以下重伤，或者5000万元以上1亿元以下直接经济损失的；

② 客运列车脱轨18辆以上的；

③ 货运列车脱轨60辆以上的；

④ 客运列车脱轨2辆以上18辆以下，并中断繁忙干线铁路行车24h以上或者中断其他线路铁路行车48h以上的；

⑤ 货运列车脱轨6辆以上60辆以下，并中断繁忙干线铁路行车24h以上或者中断其他线路铁路行车48h以上的。

3. 较大事故

① 造成3人以上10人以下死亡，或者10人以上50人以下重伤，或者1000万元以上5000万元以下直接经济损失的；

② 客运列车脱轨2辆以上18辆以下的；

③ 货运列车脱轨6辆以上60辆以下的；

④ 中断繁忙干线铁路行车6h以上的；

⑤ 中断其他线路铁路行车10h以上的。

4. 一般事故

造成3人以下死亡，或者10人以下重伤，或者1000万元以下直接经济损失的，为一般事故。

一般事故分为：一般A类事故、一般B类事故、一般C类事故、一般D类事故。

（1）有下列情形之一，未构成较大以上事故的，为一般A类事故：

① 造成2人死亡。

② 造成5人以上10人以下重伤。

③ 造成500万元以上1000万元以下直接经济损失。

④ 列车及调车作业中发生冲突、脱轨、火灾、爆炸、相撞，造成下列后果之一的：

• 繁忙干线双线之一线或单线行车中断3h以上6h以下，双线行车中断2h以上6h以下；

• 其他线路双线之一线或单线行车中断6h以上10h以下，双线行车中断3h以上10h以下；

• 客运列车耽误本列4h以上；

• 客运列车脱轨1辆；

• 客运列车中途摘车2辆以上；

• 客车报废1辆或大破2辆以上；

• 机车大破1台以上；

• 动车组中破 1 辆以上；
• 货运列车脱轨 4 辆以上 6 辆以下。
（2）有下列情形之一，未构成一般 A 类以上事故的，为一般 B 类事故：
① 造成 1 人死亡。
② 造成 5 人以下重伤。
③ 造成 100 万元以上 500 万元以下直接经济损失。
④ 列车及调车作业中发生冲突、脱轨、火灾、爆炸、相撞，造成下列后果之一的：
• 繁忙干线行车中断 1h 以上；
• 其他线路行车中断 2h 以上；
• 客运列车耽误本列 1h 以上；
• 客运列车中途摘车 1 辆；
• 客车大破 1 辆；
• 机车中破 1 台；
• 货运列车脱轨 2 辆以上 4 辆以下。
（3）有下列情形之一，未构成一般 B 类以上事故的，为一般 C 类事故：
① 列车冲突；
② 货运列车脱轨；
③ 列车火灾；
④ 列车爆炸；
⑤ 列车相撞；
⑥ 向占用区间发出列车；
⑦ 向占用线接入列车；
⑧ 未准备好进路接、发列车；
⑨ 未办或错办闭塞发出列车；
⑩ 列车冒进信号或越过警冲标；
⑪ 机车车辆溜入区间或站内；
⑫ 列车中机车车辆断轴，车轮崩裂，制动梁、下拉杆、交叉杆等部件脱落；
⑬ 列车运行中碰撞轻型车辆、小车、施工机械、机具、防护栅栏等设备设施或路料、坍体、落石；
⑭ 接触网接触线断线、倒杆或塌网；
⑮ 关闭折角塞门发出列车或运行中关闭折角塞门；
⑯ 列车运行中刮坏行车设备设施；
⑰ 列车运行中设备设施、装载货物（包括行包、邮件）、装载加固材料（或装置）超限（含按超限货物办理超过电报批准尺寸的）或坠落；
⑱ 装载超限货物的车辆按装载普通货物的车辆编入列车；
⑲ 电力机车、动车组带电进入停电区；
⑳ 错误向停电区段的接触网供电；
㉑ 电化区段攀爬车顶耽误列车；
㉒ 客运列车分离；
㉓ 发生冲突、脱轨的机车车辆未按规定检查鉴定编入列车；

㉔ 无调度命令施工，超范围施工，超范围维修作业；

㉕ 漏发、错发、漏传、错传调度命令导致列车超速运行。

（4）有下列情形之一，未构成一般C类以上事故的，为一般D类事故：

① 调车冲突；

② 调车脱轨；

③ 挤道岔；

④ 调车相撞；

⑤ 错办或未及时办理信号致使列车停车；

⑥ 错办行车凭证发车或耽误列车；

⑦ 调车作业碰轧脱轨器、防护信号，或未撤防护信号动车；

⑧ 货运列车分离；

⑨ 施工、检修、清扫设备耽误列车；

⑩ 作业人员违反劳动纪律、作业纪律耽误列车；

⑪ 滥用紧急制动阀耽误列车；

⑫ 擅自发车、开车、停车、错办通过或在区间乘降所错误通过；

⑬ 列车拉铁鞋开车；

⑭ 漏发、错发、漏传、错传调度命令耽误列车；

⑮ 错误操纵、使用行车设备耽误列车；

⑯ 使用轻型车辆、小车及施工机械耽误列车；

⑰ 应安装列尾装置而未安装发出列车；

⑱ 行包、邮件装卸作业耽误列车；

⑲ 电力机车、动车组错误进入无接触网线路；

⑳ 列车上工作人员往外抛掷物体造成人员伤害或设备损坏；

㉑ 行车设备故障耽误本列客运列车1h以上，或耽误本列货运列车2h以上；固定设备故障延时影响正常行车2h以上（仅指正线）。

铁道部可对影响行车安全的其他情形，列入一般事故。

因事故死亡、重伤人数7日内发生变化，导致事故等级变化的，相应改变事故等级。

除前款规定外，国务院铁路主管部门可以对一般事故的其他情形作出补充规定。

二、事故应急救援

事故发生后，列车司机或者运转车长应当立即停车，采取紧急处置措施；对无法处置的，应当立即报告邻近铁路车站、列车调度员进行处置。

为保障铁路旅客安全或者因特殊运输需要不宜停车的，可以不停车；但是，列车司机或者运转车长应当立即将事故情况报告邻近铁路车站、列车调度员，接到报告的邻近铁路车站、列车调度员应当立即进行处置。事故造成中断铁路行车的，铁路运输企业应当立即组织抢修，尽快恢复铁路正常行车；必要时，铁路运输调度指挥部门应当调整运输径路，减少事故影响。

事故发生后，国务院铁路主管部门、铁路管理机构、事故发生地县级以上地方人民政府或者铁路运输企业应当根据事故等级启动相应的应急预案；必要时，成立现场应急救援机构。现场应急救援机构根据事故应急救援工作的实际需要，可以借用有关单位和个人的设施、设备和其他物资。借用单位使用完毕应当及时归还，并支付适当费用；造成损失的，应当赔偿。有关单位和个人应当积极支持、配合救援工作。

有关单位和个人应当妥善保护事故现场以及相关证据，并在事故调查组成立后将相关证据移交事故调查组。因事故救援、尽快恢复铁路正常行车需要改变事故现场的，应当做出标记、绘制现场示意图、制作现场视听资料，并做出书面记录。

任何单位和个人不得破坏事故现场，不得伪造、隐匿或者毁灭相关证据。事故中死亡人员的尸体经法定机构鉴定后，应当及时通知死者家属认领；无法查找死者家属的，按照国家有关规定处理。

案例 2-2

汶川地震造成宝成线 109 隧道塌方

（一）事故概况

2008 年 5 月 13 日，四川省汶川县地震造成陕西凤县宝成线 109 号隧道塌方，包括装有 12 节油罐车的一列货车在隧道内发生燃烧和零星爆炸，造成入川的主要通道宝成线交通中断，隧道中间塌方体也将嘉陵江河道堵塞（见图 2-1～图 2-3）。宝成线 109 隧道内燃烧的货车火势凶猛，浓烟和火苗蹿向洞外，在离燃烧点 100 多米的河对岸，人可以明显感到灼热感。据 109 号隧道所在地甘肃省徽县有关部门介绍，当地政府已有序组织隧道附近 1600 多名村民转移到安全地带。由于地处山区环境，抢险施工作业面狭窄，加之公路损毁受阻，消防车等灭火设施和抢险物资很难直达事故现场，燃烧的油罐车不能及时扑灭，不时发生零星爆炸，灭火不及时随时有可能发生大的爆炸事故。

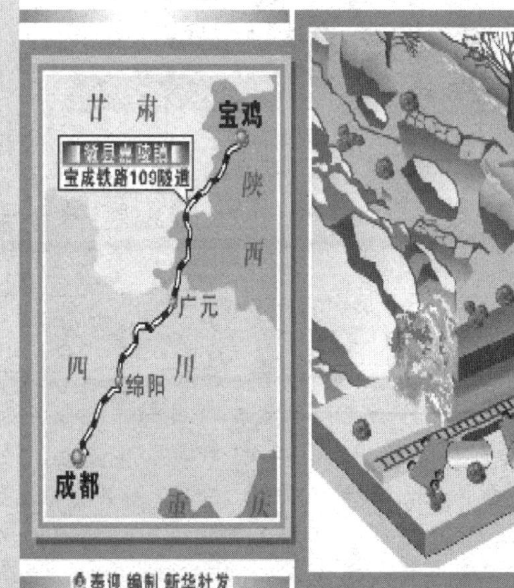

图 2-1 109 隧道塌方示意

（二）原因分析

西安铁路局办公室副主任汪××介绍说，5 月 12 日 14 时 25 分，这列货车从甘肃徽

图 2-2 爆炸现场

图 2-3 抢修现场

县车站开出，14 时 28 分进入宝成线 109 号隧道时，因四川汶川县发生 7.8 级地震，导致山体突然坍塌，巨石堵住了隧洞出口，接触网断电。司机立即采取了紧急制动措施，但因事发突然，列车仍以每小时 20 公里的速度撞上巨石。造成机车和 38 节车辆脱线，油罐车着火燃烧，两名司机受伤。目前，火车司机已得到及时治疗，无生命危险。

（三）措施

事故发生后，铁道部和西安铁路局立即启动应急预案，铁道部副部长卢××等有关领导和西安铁路局有关人员于 13 日 1 时到达事故现场，立即开展事故调查，连夜开会研究抢险方案。铁路部门全力抢修公路，争取 13 日晚部分抢通，抢险器具、物资和 1000 余名抢险人员到达事故现场，全力投入抢险。指挥部目前正在对隧道内几处通风口和隧道洞口进行封堵，逐渐减少洞内氧气含量以控制火势，便于灭火设备尽量接近燃烧点，为消防设备进行大规模灭火做好准备。

中铁第一勘察设计院院长王××表示，改线方案采用短隧道取直进行，其位置在 109 号隧道的对面，改线全长 2.08 公里左右，由一个隧道和两个桥梁组成，双跨嘉陵江，预计总投资 1.3 亿元。

案例 2-3

狂风造成火车脱轨事故

（一）事故概况

新疆地处我国西北部，常逢大风季节，火车在经过新疆多处铁路时常常会碰到“百里风区”。据当地铁路部门介绍，出事的地点正好处于这样的地区。中央气象台的监测资料显示，吐鲁番地区当时并未观测到沙尘暴天气，火车脱轨应是瞬时特大风力所致。中央气象台首席预报员杨××表示，根据吐鲁番地区两个观测站提供的气象资料分析，当时两个观测站只观测到浮尘天气，并没有沙尘暴的信息，因此如果火车脱轨是由于气象原因，应该是因为瞬时风力比较大。

乘客描述事故现象时说，突然觉得身体腾空而起“没想到火车也会翻！没想到救援能来得那么快！也没想到出事后所有人的表现会如此镇定!”。乘客宿××忽然觉得身体腾空而起，他重重地摔在对面的铺上。这时他才发现被风沙打烂的车窗一侧竟然成了车顶的“天窗”。行李物品重重地砸在旅客身上，车厢内顿时一片黑暗。营救车辆的大灯刺破了事故现场的黑暗，人们这才惊讶地发现，这列有 20 多节车厢的列车竟有 11 节车厢被大风吹翻。

（二）原因分析

2008 年 2 月 28 日 2 时 05 分，由乌鲁木齐开往新疆南部城市阿克苏的 5807 次列车运行至南疆铁路珍珠泉至红山渠站间 42 公里＋300 米处时，因瞬间大风造成该次列车机后 9 至 19 位车辆脱轨，并造成 3 名旅客死亡，2 名旅客重伤，32 名旅客轻伤，南疆铁路被迫中断行车近 10 小时。1100 余名旅客分别乘坐救援列车和大轿车转往目的地，受伤人员也被及时送到事发地附近的吐鲁番和托克逊医院进行救治。

（三）措施

狂风给救援工作带来巨大困难，人在风中很难站住。记者看到，一位救援人员在狂风中被吹来吹去。只要张口说话，风沙立即灌入口鼻。12 级大风夹杂着沙石狂扫一切，没有任何停歇的意思。记者露在风中的手背如被刀割。现场的营救人员，脸部也被风沙蹭破。最先赶到现场的是当地的铁路机务段职工。从 4 点一直到 10 点最后一名受困人员被救出的 6 个小时里，他们手拿铁锹、十字镐，一直不停地挖掘，为车厢里的乘客挖出一个个脱困的出口。托克逊县武警某部的干部战士，站在侧翻的车厢旁，用身体排起人墙，为脱险的乘客遮挡风沙。

案例 2-4

桥梁坍塌造成火车落水

（一）事故概况

2008 年 3 月 18 日 15 时 40 分许，由乌鲁木齐北约 70km 的阜康开往乌鲁木齐火车北站的专线运煤列车在阜康市境内经过一铁路桥梁时，桥梁坍塌，机车头后部有 9 节运煤车厢脱轨，其中 8 节侧翻，3 节坠落河中。桥梁约长 10m，已经垮塌，桥下的小河已经被煤截堵，桥离水面约有 4m。

（二）原因分析

由于是货车，速度又比较慢，所幸没有直接造成人员伤亡。

（三）措施

按照相关规定，先架临时桥，抢先恢复运输，再尽快恢复正常运输。

三、事故调查处理

特别重大事故由国务院或者国务院授权的部门组织事故调查组进行调查。重大事故由国务院铁路主管部门组织事故调查组进行调查。较大事故和一般事故由事故发生地铁路管理机构组织事故调查组进行调查。

国务院铁路主管部门认为必要时，可以组织事故调查组对较大事故和一般事故进行调查。事故调查组应当按照国家有关规定开展事故调查，并在下列调查期限内向组织事故调查组的机关或者铁路管理机构提交事故调查报告，事故调查期限自事故发生之日起计算。

① 特别重大事故的调查期限为 60 日；

② 重大事故的调查期限为 30 日；

③ 较大事故的调查期限为 20 日；

④ 一般事故的调查期限为 10 日。

事故调查报告形成后，报经组织事故调查组的机关或者铁路管理机构同意，事故调查组工作即告结束。组织事故调查组的机关或者铁路管理机构应当自事故调查组工作结束之日起 15 日内，根据事故调查报告，制作事故认定书。事故认定书是事故赔偿、事故处理以及事故责任追究的依据。

事故的处理情况，除依法应当保密的外，应当由组织事故调查组的机关或者铁路管理机构向社会公布。

四、事故赔偿

事故造成人身伤亡的，铁路运输企业应当承担赔偿责任；但是人身伤亡是不可抗力或者受害人自身原因造成的，铁路运输企业不承担赔偿责任。

违章通过平交道口或者人行过道，或者在铁路线路上行走、坐卧造成的人身伤亡，属于受害人自身的原因造成的人身伤亡。

事故造成铁路旅客人身伤亡和自带行李损失的，铁路运输企业对每名铁路旅客人身伤亡的赔偿责任限额为人民币 15 万元，对每名铁路旅客自带行李损失的赔偿责任限额为人民币 2000 元。铁路运输企业与铁路旅客可以书面约定高于前款规定的赔偿责任限额。

违反本条例的规定，铁路运输企业及其职工不立即组织救援，或者迟报、漏报、瞒报、谎报事故的，对单位，由国务院铁路主管部门或者铁路管理机构处 10 万元以上 50 万元以下的罚款；对个人，由国务院铁路主管部门或者铁路管理机构处 4000 元以上 2 万元以下的罚款；属于国家工作人员的，依法给予处分；构成犯罪的，依法追究刑事责任。

违反本条例的规定，干扰、阻碍事故救援、铁路线路开通、列车运行和事故调查处理的，对单位，由国务院铁路主管部门或者铁路管理机构处 4 万元以上 20 万元以下的罚款；对个人，由国务院铁路主管部门或者铁路管理机构处 2000 元以上 1 万元以下的罚款；情节严重的，对单位，由国务院铁路主管部门或者铁路管理机构处 20 万元以上 100 万元以下的罚款；对个人，由国务院铁路主管部门或者铁路管理机构处1万元以上5万元以下的罚款；属于国家工作人员的，依法给予处分；构成违反治安管理行为的，由公安机关依法给予治安管理处罚；构成犯罪的，依法追究刑事责任。

案例 2-5

铁路命令传输错误造成两辆旅客列车发生撞击（图 2-4）

（一）事故概况

2008年4月28日4时41分，一场近十年来全国铁路行业罕见的列车相撞事故在瞬间发生，给国家和人民生命财产安全造成重大损失，举国震惊。

图 2-4 胶济事故现场

"通过调阅T195次列车运行记录监控装置数据，该列车实际运行速度每小时超速51公里。"29日，刚刚被任命为济南铁路局局长的耿××说，28日凌晨，这列车第9节至17节车厢在铁路弯道处脱轨，冲向上行线路基外侧。此时，正常运行的烟台至徐州5034次列车以每小时70km的速度与脱轨车辆发生撞击。一场特大灾难事故随即发生……国务院事故调查组组长、安监总局局长王×说，这是一起典型的责任事故。据他介绍，从初步掌握的情况看，北京至青岛的T195次列车严重超速，在本应限速每小时80公里的路段，实际时速居然达到了每小时131公里。

（二）原因分析

事故除了给乘客造成重大伤亡外，一辆机车严重受损，14节车厢报废，648m铁路线及部分牵引供电设备损坏，事故中断胶济上下行线铁路行车近22小时。

经核查，"4·28"胶济铁路特别重大事故发生时，5034次列车上有乘客1620人，乘务员44人；T195次列车上有乘客1231人，乘务员35人。

淄博市23家医院共接收伤员416人，其中重伤74人，轻伤342人，受伤人员中有4名法国人。救援行动非常迅速，为在第一时间救治危重患者赢得了时间，最大限度地减少了死亡。"4·28"胶济铁路事故暴露了"济南铁路局以文件代替临时限速命令"等一系列问题。限速调度命令没发给T195次，少发一个电报，造成70人死亡、416人受伤……

记者从正在召开的国务院“4·28”胶济铁路特别重大交通事故调查组会议上获悉，截至目前，已有26名事故遇难者的身份得到确定。4月28日上午，赶到事故现场的新华社记者看到，朝济南方向的铁路下方横七竖八地倾覆着近十节车厢。现场一片狼藉，有几节车厢在巨大的撞击力下几乎拧成了麻花。

在伤员得到及时救治，胶济线恢复通车后，4月29日10时，国务院“4·28”胶济铁路特别重大交通事故调查组成立，标志着这起事故调查处理工作全面展开。

事故发生后，抢险救援工作随即有序、快速进行。至29日凌晨2时16分，胶济线正式恢复通车。随着调查的深入和对原因的追踪，人们发现，这是一场本来可以避免、不该发生的事故。这场事故的发生令人痛心、教训深刻。

（三）措施

29日早晨，中共中央政治局委员、国务院副总理张德江第三次来到“4·28”事故现场，仔细检查了抢修和通车情况。“通过初步调查，我们可以发现这本是一起不应该发生的责任事故！”一天之后，国务院事故调查组副组长、全国总工会副主席张鸣起如此痛心地表示。

1. 确定26名遇难者身份

“4·28”胶济铁路特别重大事故现场抢险救援工作基本结束，胶济铁路在中断近22小时后已于29日凌晨正式恢复通车，事故调查处理及各项善后工作正在全面有序展开。

2. 一系列错误导致事故发生

“这起列车撞击事故，不管最终认定原因如何复杂，但可以毫无疑问地说，这不是天灾，是人祸！”济南铁路局一位负责运输管理的工程师说，这需要认真加以反思。

按照国际航空领域事故遵循的“海恩法则”，一起重大的飞行安全事故背后有29起事故征兆，每个征兆背后还会有300起事故苗头。遵此分析，如果失误只停留在表象，而不重视对“事故征兆”和“事故苗头”进行排查，那么，这些未被发现的征兆和苗头，就成为下一次重大事故的隐患。

就此次列车相撞的原因，现场负责调查指挥的国务院事故调查组组长、安监总局局长王×说，这充分暴露了一些铁路运营企业安全生产认识不到位、领导不到位、安全生产责任不到位、安全生产措施不到位、隐患排查治理不到位和监督管理不到位的严重问题。同时也反映了基层安全意识薄弱，现场管理存在严重漏洞，安全生产责任没有得到真正落实。

新任济南铁路局局长耿××29日坦承，从初步分析看，这起事故暴露出了“济南铁路局对施工文件、调度命令管理混乱，以文件代替临时限速命令极不严肃”等一系列问题。

调查发现，济南铁路局4月23日印发了《关于实行胶济线施工调整列车运行图的通知》，其中包括该路段限速80km的内容，这一重要文件距离实施时间28日零时仅有4天，却在局网上发布。对外局及相关单位以普通信件的方式车递，而且把北京机务段作为抄送单位。

这一文件发布后，在没有确认有关单位是否收到的情况下，4月26日济南局又发布了一个调度命令，取消了多处限速命令，其中包括事故发生段。各相关单位根据4月26日的调度命令，修改了运行监控器数据，取消了限速条件。

文件传递及调度命令传递混乱，给事故发生埋下了极大的隐患。危险步步紧逼，但错误仍在继续……

济南局列车调度员在接到有关列车司机反映现场临时限速与运行监控器数据不符时，4月28日4时02分济南局补发了该段限速每小时80km的调度命令，但该命令没有发给T195次机车乘务员，漏发了调度命令。而王村站值班员对最新临时限速命令未与T195次司机进行确认，也未认真执行车机联控。与此同时，机车乘务员没有认真瞭望，失去了防止事故的最后时机。

一场特大事故就这样在错误不断累积中不可避免地发生了。

3. 要严肃追究责任人责任

悲剧发生，教训惨痛。

对这起事故的查处，国务院事故调查组表示，要在进一步查明事故发生经过、原因、人员伤亡、经济损失等情况的基础上，认定事故的直接责任、主要责任、重要责任和领导责任，依据有关的法律规定，严肃追究事故相关责任人的责任。

事故调查组还要总结事故教训，提出有针对性和可操作性的防范整改措施。

“不放过任何一个环节、不放过任何一个细节。”国务院事故调查组组长、安监总局局长王君表示，要通过查阅原始资料、现场勘察、实物检测、检查列车监控记录装置、询问当事人、走访相关人员、专家论证等方式，把情况搞清楚、搞准、摸实。要深刻吸取事故教训，认真查找导致事故发生的深层次原因，完善工作机制，加强薄弱环节安全监管，确保铁路运输安全。

第三节 技术管理规范

铁路是国家重要的基础设施，国民经济的大动脉，交通运输体系的骨干，是运输能力大、节约资源、有利环保的交通运输方式，在全面建设小康社会的进程中肩负着重要的历史使命。铁路要促进国民经济社会又快又好发展，适应保障国防建设的需要。

铁路运输具有高度集中的特点，各工作环节须紧密联系、协同配合。为确保铁路安全正点、方便快捷、高速高效，必须加强铁路技术管理，制定统一、科学的《铁路技术管理规程》。

《铁路技术管理规程》规定了铁路的基本建设、产品制造、验收交接、使用管理及保养维修方面的基本要求和标准；规定了各部门、各单位、各工种在从事铁路运输生产时，必须遵循的基本原则、责任范围、工作方法、作业程序和相互关系；规定了信号的显示方式和执行要求；明确了铁路工作人员的主要职责和必须具备的基本条件。

《铁路技术管理规程》依据《中华人民共和国铁路法》、《铁路运输安全保护条例》等有关法律法规制定，是铁路技术管理的基本规章。铁路其他规章和规范性文件以及各部门、各单位制定的技术管理文件等，都必须符合《铁路技术管理规程》的规定。

《铁路技术管理规程》是长期生产实践和科学研究的总结，它将随着运输生产和科学技术的不断发展，逐渐充实和完善。在铁道部没有明令修改以前，任何部门、任何单位、任何人员都不得违反本规程的规定。

《铁路技术管理规程》中第一编的技术设备内容包括基建、制造及其验收交接、限界、安全保护区、养护维修及检查。

一、自然灾害预防

铁路局应根据历年降雨、洪水规律和当年的气候趋势预测，发布防洪命令，制定防洪预案，及早做好一切准备。有关单位应按时完成防洪工程和预抢工程，储备足够的料具及车辆，组织抢修队伍并进行训练，依靠当地政府建立群众性的防洪组织。加强雨中和雨后的检查，严格执行降雨量和洪水位警戒制度。对于可能危及行车安全的地点，应通知司机和运转车长注意运行，在危险处所派人看守，有条件时，可安装自动报警装置，防止发生灾害事故。在汛期前须将“防洪危险处所”抄送跨局列车运行的相关铁路局。

一旦发生灾害，积极组织抢修，尽快修复，争取不中断行车或减少中断行车时间。设备修复后，须达到规定标准。

对水流量大、河床不稳定的桥梁，要设置必要的监测仪器，建立观测制度，掌握桥梁水文及河床变化情况，及时提出预防和整治措施。

加强对电子设备的雷电防护及电磁兼容防护工作，逐步建立雷电预警系统，提高设备抗御电磁干扰能力，减少或防止雷电等自然灾害对设备的影响。

对防寒工作，应提前做好准备。要抓好以下工作：

① 对有关人员进行防寒过冬培训，并按规定做好防寒劳动防护用品的配备和发放工作；

② 对铁路技术设备进行防寒过冬检查、整修，并做好包扎管路等工作；

③ 做好易冻的设备、物资的防冻解冻工作；

④ 储备足够的防寒过冬材料、燃料和工具，检修好除冰雪机具和防雪设备，组织好除冰雪队伍。

二、行车安全监测设备

铁路行车安全监测设备是保障铁路运输安全的重要技术设备，应具备监测、记录、报警、存取功能，保持其作用良好、准确可靠，并定期进行计量校准。

站内平过道必须与站外道路和人行道路断开，禁止社会车辆、非工作人员通行，平过道不得设在车站两端咽喉区内。

在电气化铁路上，铁路道口通路两面应设限高架，其通过高度不得超过4.5m。道口两侧不宜设置接触网锚段关节，不应设置锚柱。

栏杆（门）以对道路开放为定位。特殊情况下需要以对道路关闭为定位时，由铁路局规定。

各种建筑物、电线路、管道及渡槽跨越铁路，横穿路基，或在桥梁上下、涵洞内通过铁路时，应提出设计、施工方案和安全措施等文件，征得铁路局同意，在铁路有关单位派人协助指导下进行施工，不得妨碍铁路运输。

三、供电、给水及其设备

1. 牵引供电

牵引供电设备应有牵引变电所、接触网、远动装置，以及牵引供电变电检测、试验设备，接触网检修、检测设备，绝缘子冲洗设备等。应具备快速抢修能力和调度系统。牵引供电调度系统应具备对牵引供电设备状况实时远程监控的条件，并纳入调度系统集中统一管理。

牵引供电设备应保证不间断行车可靠供电。牵引供电能力必须与线路的运输能力相适应，满足规定的列车重量、密度和速度的要求。接触网额定电压值为 25kV，最高工作电压为 27.5kV，最低工作电压为 19kV。

牵引变电所须具备双电源、双回路受电。牵引变压器采用固定备用方式并具备自动投切功能。当一个牵引变电所停电时，相邻的牵引变电所能越区供电。平均功率因数不低于 0.9。

接触网的分段、分相的位置应考虑检修停电方便和缩小故障停电范围，并充分考虑电力机车牵引的列车（电力动车组）正常运行和调车作业的需要。双线电化区段应具备反方向行车条件。确需由车站接触网引接小容量非牵引负荷时，须经铁路局批准。

枢纽及较大区段站应设开闭所。枢纽及较大区段站的负荷开关和电动隔离开关应纳入远动控制。

接触网一般采用链型悬挂方式，其最小张力应符合有关标准规定。接触线一般采用铜或铜合金线。

接触线距钢轨顶面的高度不超过 6500mm；在区间和中间站，不小于 5700mm（旧线改造不小于 5330mm）；在编组站、区段站和个别较大的中间站站场，不小于 6200mm；站场和区间宜取一致；双层集装箱运输的线路，不小于 6330mm。

在电气化铁路施工时，由施工单位在接触网支柱内缘或隧道边墙标出接触网设计的轨面标准线，开通前供电段、工务段要共同复查确认，以后每年复测一次；复测结果与原轨面标准线误差不得大于±30mm。

接触网带电部分至固定接地物的距离，不小于 300mm，距机车车辆或装载货物的距离，不小于 350mm；跨越电气化铁路的各种建筑物与带电部分最小距离，不小于 500mm。当海拔超过 1000m 时，上述数值应按规定相应增加。在接触网支柱及距接触网带电部分 5000mm 范围内的金属结构物须接地。天桥及跨线桥跨越接触网的地方，应按规定设置安全栅网。有大型养路机械作业的线路，接触网支柱内侧距线路中心距离不小于 3100mm。

架空电线路跨越接触网时，与接触网的垂直距离：10kV 以上至 110kV 电线路，不小于 3000mm；220kV 电线路，不小于 4000mm；330kV 电线路，不小于 5000mm；500kV 电线路，不小于 6000mm。

为避免低压线路跨越高压线路，便于设备维修管理，10kV 及其以下的电线路（包括通信线路、广播电视线路等）不得跨越接触网，应由地下穿过铁路。接触网支柱不允许附挂通信、有线电视等非供电线路设施。

为保证人身安全，除专业人员执行有关规定外，其他人员（包括所携带的物件）与牵引供电设备带电部分的距离，不得小于 2000mm。

在设有接触网的线路上，严禁攀登车顶及在车辆装载的货物之上作业；如确需作业时，须在指定的线路上，将接触网停电接地后，方准进行。

2. 电力、给水

供电设备应具备：线路由两端变、配电所供电的互供条件，变、配电所跨所供电的条件，电气试验设备，快速抢修能力。

10kV 及其以上电线路支柱不允许附挂通信、有线电视等非供电线路设施。

铁路各车站及设有人员看守的道口都应有可靠的电力供应，沿线车站原则上通过电力贯通线供电。外部电源不能满足要求时，铁路应自备发电所或发电机组。自动闭塞信号应由单独架设的自闭电线路供电。

电力工程竣工必须进行交接试验，试验合格后方能投入运行。

在《技规》中还规定铁路供电设备应做到以下几点。

① 一级负荷应有两个独立电源，保证不间断供电；二级负荷应有可靠的专用电源。

② 受电电压根据用电容量、可靠性和输电距离，可采用 110.35（63）、10kV 或 380/220V。

③ 用户受电端供电电压允许偏差为：

- 35kV 及其以上高压供电线路，电压正负偏差的绝对值之和不超过额定值的 10%；
- 10kV 及其以下三相供电线路为额定值的±7%；
- 220V 单相供电的，为额定值的－10%～＋7%；
- 自动闭塞信号变压器二次端子，为额定值的±10%。

在电力系统非正常情况下，用户受电端的电压值允许偏差不超过额定值的±10%。

电力线路跨越非电化铁路时，其导线最大弛度的最低点至钢轨顶面的距离：

① 500kV 线路，不小于 14000mm；

② 330kV 线路，不小于 9500mm；

③ 220kV 线路，不小于 8500mm；

④ 110kV 及其以下线路，不小于 7500mm。

电力线路的电杆内缘至线路中心的水平距离：

① 380V 及其以下低压线路，不小于 3100mm；

② 10kV 高压线路，不小于 3100mm；

③ 35kV 及其以上的高压线路，不小于杆高加 3100mm。

电力线路导线至钢轨顶面的垂直距离，应根据规划考虑发展电气化的需要。

《技规》第二编是行车组织，主要内容包括全国铁路行车组织工作的行车组织原则，各铁路局应根据本规程规定的原则，结合管内具体条件，制定《行车组织规则》。

铁路行车组织工作，必须贯彻安全生产的方针，坚持高度集中、统一领导的原则，发扬协作精神，运输、机务、车辆、工务、电务、供电、信息等部门要主动配合，紧密联系，协同动作，组织均衡生产，不断提高效率，挖掘运输潜力，完成和超额完成铁路运输任务。列车编组计划是全路的车流组织计划。列车中车组的编挂，需根据铁道部和铁路局的列车编组计划进行。

列车按运输性质的分类和运行等级顺序如下。

(1) 按运输性质分类：

① 旅客列车（特快、快速、普通旅客列车）；

② 行邮行包列车（特快、快速行邮列车，行包列车）；

③ 军用列车；

④ 货物列车（五定班列、快运、重载、直达、直通、冷藏、自备车、区段、摘挂、超限及小运转列车）；

⑤ 路用列车。

(2) 列车运行等级顺序：

① 特快旅客列车；

② 特快行邮列车；

③ 快速旅客列车；

④ 普通旅客列车；

⑤ 快速行邮列车；

⑥ 行包列车；

⑦ 军用列车；

⑧ 货物列车；

⑨ 路用列车。

开往事故现场救援、抢修、抢救的列车，应优先办理。

特殊指定的列车的等级，应在指定时确定。

3. 施工及路用列车的开行

铁路职工或其他人员发现设备故障危及行车和人身安全时，应立即向开来列车发出停车信号，并迅速通知就近车站、工务、供电或电务人员。

突然发现接触网故障，需要机车临时降弓通过时，发现的人员应在规定地点显示下列手信号。

（1）降弓手信号　昼间——左臂垂直高举，右臂前伸并左右水平重复摇动；夜间——白色灯光上下左右重复摇动。

（2）升弓手信号　昼间——左臂垂直高举，右臂前伸并上下重复摇动；夜间——白色灯光作圆形转动。

4. 线路标志及信号标志

（1）线路标志　公里标、半公里标、百米标、曲线标、圆曲线和缓和曲线的始终点标、桥梁标、隧道标、涵渠标、坡度标及铁路局、工务段、线路车间、线路工区和供电段、电力段的界标。

（2）信号标志　警冲标、站界标、预告标、引导员接车地点标、放置响墩地点标、司机鸣笛标、限制鸣笛标、作业标、减速地点标、桥梁减速信号标、补机终止推进标、机车停车位置标和电气化区段的断电标、合电标、接触网终点标、准备降下受电弓标、降下受电弓标、升起受电弓标、四显示区段机车信号通断标、点式标、调谐区标，以及除雪机用的临时信号标志等。

铁路局、工务段、线路车间、线路工区和供电段的管界标，设在各该单位管辖地段的分界点处，两侧标明所向的单位名称。

信号标志设在列车运行方向左侧（警冲标除外）。

① 警冲标，设在两会合线路线间距离为4m的中间。线间距离不足4m时，设在两线路中心线最大间距的起点处。在线路曲线部分所设道岔附近的警冲标与线路中心线间的距离，应按限界的加宽增加。

② 在电气化区段分相绝缘器前方，分别设断电标、禁止双弓标。对于最高运行速度大于120km/h的旅客列车、行邮列车及最高运行速度为120km/h的货物列车、行包列车运行的线路，在断电标的前方增设特殊断电标。在分相绝缘器后方设合电标。在双线电气化区段，在“合”、“断”电标背面，可分别加装“断”、“合”字标，作为反方向行车的“断”、“合”电标使用。

③ 接触网终点标，设在站内接触网边界。

④ 在电气化线路接触网故障降弓地段前方，分别设准备降下受电弓标、降下受电弓标；对于最高运行速度大于120km/h的旅客列车、行邮列车及最高运行速度为120km/h的货物列车、行包列车运行的线路，在降下受电弓标的前方增设特殊降弓标。在降弓地段后方，设置升起受电弓标。

电气化铁路接触网、自动闭塞供电线路和电力贯通线路等电力设施附近易发生危险的地方。

在铁路线路允许行人、自行车通过，禁止机动车通过的人行过道应设置人行过道路障桩。

⑤ 电力牵引的双层集装箱运输基本建筑限界相关规定。

• 接触网导线的最低高度为6330mm。

• h 为接触网结构高度。弹性悬挂时，200km/h地段为1100mm、160km/h及以下地段为700mm；采用刚性悬挂，结构高度另定。

⑥ 电力牵引的双层集装箱运输桥隧建筑限界相关规定。

在基本建筑限界和隧道建筑限界之间可以装设照明、通信、警告信号及色灯信号等设备。

• 接触网导线的最低高度为6330mm。

• h 为接触网结构高度。弹性悬挂时，200km/h地段为1100mm、160km/h及以下地段为700mm；采用刚性悬挂，结构高度另定。

⑦ 客运专线铁路建筑限界（$200\text{km/h} \leqslant v \leqslant 350\text{km/h}$）。

客运专线铁路建筑限界基本尺寸按相关规定办理。

第四节　铁路建设质量

中华人民共和国铁道部命令第25号公布了《铁路建设工程质量管理规定》自2006年3月1日起施行。

一、总则

明确规定：为加强铁路建设工程质量管理，保证铁路建设工程质量，保护人民生命和财产安全，依据国家有关法律法规，制定本规定。

凡在中华人民共和国境内从事铁路建设工程新建、扩建、改建等有关活动及实施对铁路建设工程质量监督管理的，必须遵守本规定。

铁道部负责全国铁路建设工程质量监督管理。

二、铁路建设单位质量责任和义务

铁路建设单位必须严格执行有关法律、法规、规章和工程建设强制性标准，依据批准的设计文件组织工程建设，对工程质量负总责。

铁路建设单位应依法对工程建设项目的勘察设计、施工、监理进行招标，并应在所签订的合同中依法明确质量目标、责任。

铁路建设单位及其工作人员不得指定、推荐、介绍建筑材料、构配件和设备的生产厂、供应商。

铁路建设单位应当按规定在开工前到铁道部委托的铁路建设工程质量监督机构办理工程质量监督手续。

铁路建设单位应按规定对初步设计和Ⅰ类变更设计进行初审，对Ⅱ类变更设计进行审批，按规定组织工程地质勘察监理、设计咨询、施工图审核等。未经审核的施工图，不得使用。

铁路建设单位应督促铁路建设工程的勘察设计、施工、监理单位按照投标承诺和合同约定落实组织机构、人员和机械设备，以保证工程质量。

发生工程质量事故后，铁路建设单位应按规定及时组织事故调查、处理和报告，不得隐瞒不报、谎报或拖延不报，并按规定妥善保管有关资料。

铁路建设工程所涉及的新技术、新工艺、新材料、新设备，应按规定通过技术鉴定或审批，并制定相应质量验收标准。没有经过鉴定、批准或没有质量验收标准的，不得采用。

铁路建设工程未经验收或验收不合格，不得交付使用。

三、勘察设计单位质量责任和义务

勘察设计单位必须严格执行有关法律、法规、规章和工程建设强制性标准，按照有关规程、规范和标准进行勘察设计，并对其勘察设计的质量。

勘察设计应当达到规定的内容及深度要求，明确工艺工序及质量要求，注明工程合理使用年限。特殊工程、新技术、新工艺、新设备、新材料等应在设计文件中作出详细说明。

勘察设计单位应对审核合格的施工图进行交底，向施工单位作出详细说明，并应设置现场机构，及时解决施工过程中有关勘察设计问题。

勘察设计单位必须加强质量管理，制定项目质量管理制度，建立健全质量保证体系，明确和落实质量责任。应分阶段采取有效的质量控制措施和必要的质量技术保证，按照工程地质勘察监理、设计咨询、施工图审核意见等对勘察设计进行优化完善。

勘察设计单位应当参加铁路建设工程质量事故分析，提出相应的技术处理方案。对因勘察设计原因造成的工程质量事故承担相应责任。勘察设计单位应按规定做好质量技术资料的整理、归档。

四、施工单位质量责任和义务

施工单位应在其资质等级许可的范围内承揽铁路建设工程。施工单位不得转包、违法分包工程；使用劳务的，必须符合国家和铁道部劳务分包有关规定。

施工单位必须严格执行有关法律、法规和规章，严格执行工程建设强制性标准，按照有关规程、规范、标准和审核合格后的施工图施工，对施工质量负责。

施工单位应按照ISO-9000质量标准要求，在现场管理机构设置专门质量管理部门，配足专职工程质量管理人员，制定项目质量管理制度，建立健全质量保证体系，明确和落实质量责任。

施工单位应加强从业人员的教育培训，坚持先培训、后上岗。未经教育培训或者考核不合格的人员，不得上岗作业。特种作业人员必须持证上岗。

施工单位必须按规定对建筑材料、构配件、设备等进行检验。未经检验或检验不合格的，禁止使用。涉及结构安全的，必须按规定进行见证取样。施工单位设置的工地实验室必须符合有关规定。检验结果必须真实、准确，并按规定做好检验签认，保存检验资料。

施工单位开工前必须核对施工图，提出书面意见。施工中发现有差错或与现场实际情况不符的，应及时书面通知监理、勘察设计和建设单位，不得修改设计和继续施工。若继续施工造成损失的，施工单位与监理、勘察设计单位要承担同等责任。

施工单位在竣工验收时应落实工程保修责任，并对铁路建设工程合理使用年限内的施工质量负责。

施工单位应按规定做好质量技术资料的收集、整理和归档，保证竣工文件真实、完整。

五、监理单位质量责任和义务

监理单位必须按其资质等级及业务范围承担铁路建设工程监理业务，不得转让所承担的工程监理业务。

监理单位必须严格执行有关法律、法规和规章，依照有关规程、规范、标准、批准的设计文件和委托监理合同实施监理，并对施工质量承担监理责任。总监理工程师及监理工程师变动必须经建设单位同意。

监理单位必须加强现场监理管理，制定监理工作管理制度，建立健全质量保证体系，明确和落实质量责任，并分阶段采取有效的质量控制措施，保证监理工作质量。

监理单位在开工前和施工中应核对施工图，发现差错或与现场实际情况不符，必须及时书面通知建设、设计、施工单位。

监理单位在开工前和施工中，必须按规定对施工单位的施工组织设计、开工报告、分包单位资质、进场机械数量及性能、投标承诺的主要管理人员及资质、质量保证体系、主要技术措施等进行审查，提出意见和要求，并检查整改落实情况。

监理单位应按规定组织或参加对检验批、分项、分部、单位工程验收。

监理单位应参与工程质量事故调查处理，对因监理原因造成的工程质量事故承担相应责任。监理单位应按规定做好监理资料的整理、归档。

六、监督管理

铁道部及铁道部委托的铁路建设工程质量监督机构应当加强对有关建设工程质量的法律、法规和强制性标准执行情况的监督检查。发现工程质量问题时，责令改正或临时停工。

铁路建设工程质量监督机构进行监督检查时，有关单位和个人应予支持和配合，不得拒绝或阻碍质量监督检查人员依法执行职务。

任何单位和个人对铁路建设工程质量事故、质量缺陷和影响工程质量的行为有权进行举报。对因举报而避免或消除重大质量问题、隐患的，由铁路建设工程质量监督机构或报请有关部门给予表彰和奖励。

七、法律责任

铁路建设工程的建设、勘察设计、施工、监理单位及其有关人员违反本规定，责令改正，并由铁道部或铁道部委托的铁路建设工程质量监督机构依照《建设工程质量管理条例》规定进行行政处罚。注册执业人员因过错造成质量大事故的，一年内不得在铁路建设市场执业；造成重大质量事故的，五年内不得在铁路建设市场执业；情节特别严重的，建议国家有关部门吊销执业资格。

铁道部有关工作人员或铁路建设工程质量监督管理人员在监督管理工作中玩忽职守、滥用职权、徇私舞弊，未构成犯罪的，责令改正，并依法给予行政处分；构成犯罪的，依法移交司法机关追究刑事责任。

案例 2-6

高压电线下村民违规建房，房顶触电身亡，电力部门免责

（一）事故概况

焦作市郊区一村民在自家房顶上不慎被高压线电流击中而身亡，其家属将电业部门及高压线路产权人告上法庭。近日，记者从焦作市解放区人民法院获悉，法院22日作出一审判决，判定电力部门没有责任，责任由当地土地局、该村民所在的村委会及原告三方共同承担。

（二）原因分析

据了解，2002年1月，村民刘某在自家房顶用钢筋棍挑水管时，不慎被房顶上的高压线电流击中，经抢救无效死亡。刘某的家属遂将电业部门及该高压线路产权人告上法庭，要求两被告共同赔偿医疗费、丧葬费、死亡补偿金、误工费、精神损失费等共计74651元。

（三）措施

法院经审理后认为，该村委会在高压电线下批划宅基地让村民建房，违反了《中华人民共和国电力法》的规定，为事故的发生埋下了隐患，应承担此案的主要责任；土地局作为政府的职能部门，在土地审批中未尽核准登记职责，明知违法用地仍颁发土地使用证，对刘某触电有不可推卸的责任，应承担该案的次要责任；刘某明知高压线距自家房顶较近十分危险，仍疏忽大意，用金属物在房顶挑水管，是造成其触电身亡的直接原因，也应承担相应的责任。故依法判决村民委员会承担30211.08元的赔偿责任，土地局承担10070.36元的赔偿责任。

第五节 施工规范

一、接触网工程

接触网工程竣工后，应按规定对工程认真进行检查和验收，所按的规定是：中华人民共和国铁道部颁标准TBJ 421—87《铁路电力牵引供电工程质量评比验收标准》、TB 10009—98《铁路电力牵引供电设计规范》、TB 10208—98《施工规范》，设计资料文件和设计变更资料等，经验收合格后方可投入运行。

在接触网工程交接的同时，运营的施工单位之间要交接图纸、记录、说明书等开通时所需的竣工资料。

接触网工程交接时运营和施工单位之间要交接的图纸、记录、说明书一般按下列要求办理。

（1）图纸　包括接触网平面布置图；供电分段示意图；安装图；有关轨道电路资料。

（2）记录　包括隐蔽工程记录；检测和试验报告记录；跨越接触网的架空电线路有关记录；接地装置记录。

（3）说明书　设备安装说明书。

京郑线郑州供电段管内黄郑段铁路电气化工程交接时运营和施工单位之间要交接的图纸、记录、说明书如表 2-1 所示。

表 2-1　京郑线黄郑电气化工程竣工资料移交清单

顺号	图名或文件编号	名　称	张次/份	备　注
1	平面图	黄河南岸—广武区间接触网竣工平面图	2	京郑网竣-176
2	平面图	广武车站接触网竣工平面图	2	京郑网竣-177
3	平面图	广武—东双桥区间接触网竣工平面图	2	京郑网竣-178
4	平面图	东双桥车站接触网竣工平面图	2	京郑网竣-179
5	平面图	东双桥—南阳寨区间接触网竣工平面图	2	京郑网竣-180
6	平面图	南阳寨车站接触网竣工平面图	2	京郑网竣-181
7	平面图	南阳寨—海棠寺区间接触网竣工平面图	2	京郑网竣-182
8	平面图	海棠寺车站接触网竣工平面图	2	京郑网竣-183
9	平面图	海棠寺—郑客区间接触网竣工平面图	2	京郑网竣-184
10	平面图	南阳寨—郑北上发场区间接触网竣工平面图	2	京郑网竣-185
11	平面图	东双桥—郑北下到场区间接触网竣工平面图	2	京郑网竣-186
12	平面图	海棠寺—郑州枢纽南北发线区间接触网竣工平面图	2	京郑网竣-189-1
13	平面图	郑北下发场电气化引入改造接触网竣工平面图	2	京郑网竣-189-2
14	平面图	京广线铁路电气化郑黄段开通示意图	2	
15	平面图	郑北开闭所供电线竣工平面图	2	
16	平面图	郑北上发场接触网竣工平面图	2	
17	平面图	广武牵引变电所供电线竣工平面图	2	
18	平面图	郑州车站改造接触网竣工平面图	2	
19	平面图	黄河南岸(不含)至郑州段负荷开关竣工平面图	2	
20	分段示意图	黄河南岸(不含)至郑州供电分段示意图	2	
21	安装图	桥与下挡墙上钢柱安装图(电化 1501)	1 套	共 37 页
22	安装图	供电线安装图(京郑施化网-103)	1 套	共 24 页
23	安装图	限界门安装图(京郑施化网-110)	1 套	共 11 页
24	安装图	回流线及架空地线安装图(京郑施化网-102)	1 套	共 16 页
25	安装图	接触悬挂特殊安装图(京郑施化网-102)	1 套	共 72 页
26	安装图	接触网支柱基础图(电化 1603)	1 套	共 21 页
27	安装图	附加导线安装曲线(京郑施化网-109)	1 套	共 113 页
28	安装图	青铜绞县吊弦图	1	共 40 页
29	隐蔽记录	黄河南岸—广武区间隐蔽工程记录	1	共 10 页
30	隐蔽记录	广武站隐蔽工程记录	1	共 12 页
31	隐蔽记录	广武—东双桥区间隐蔽工程记录	1	共 7 页
32	隐蔽记录	东双桥站隐蔽工程记录	1	共 7 页
33	隐蔽记录	东双桥—南阳寨区间隐蔽工程记录	1	共 7 页

续表

顺号	图名或文件编号	名　　称	张次/份	备　　注
34	隐蔽记录	南阳寨站隐蔽工程记录	1	共8页
35	隐蔽记录	南阳寨隐蔽工程记录	1	共7页
36	隐蔽记录	海棠寺站隐蔽工程记录	1	共9页
37	隐蔽记录	海棠寺—郑客区间隐蔽工程记录	1	共4页
38	隐蔽记录	郑客站隐蔽工程记录	1	共1页
39	隐蔽记录	黄北发线隐蔽工程记录	1	共3页
40	隐蔽记录	北北发线隐蔽工程记录	1	共3页
41	隐蔽记录	北到线(东双桥—下到场)隐蔽工程记录	1	共8页
42	隐蔽记录	郑北开闭所供电线隐蔽工程记录	1	共4页
43	隐蔽记录	郑北上发场隐蔽工程记录	1	共4页
44	隐蔽记录	郑北下发场隐蔽工程记录	1	共2页
45	隐蔽记录	广武变电所隐蔽工程记录	1	共2页
46	隐蔽记录	广武牵引变电所供电线接地极隐蔽记录	1	共1页
47	隐蔽记录	郑北开闭所接地极隐蔽记录	1	共5页
48	隐蔽记录	东双桥站接地极隐蔽记录	1	共1页
49	隐蔽记录	南阳寨站接地极隐蔽记录	1	共2页
50	隐蔽记录	海棠寺站接地极隐蔽记录	1	共2页
51	隐蔽记录	广武站接地极隐蔽记录	1	共2页
52	检测报告	整体吊弦力学性能测试	1	共15页
53	试验报告	京郑线郑黄段电瓷试验	1	共2页
54	试验报告	郑黄段混凝土抗压强度试验报告	1	共22页
55	试验报告	郑黄段接触网绝缘件	1	共2页
56	试验报告	隔离、负荷开关	1	共9页
57	合格证	郑黄段负荷开关合格证	1	共3页
58	说明书	弹簧张力补偿器说明书	1	共54页
59	合格证	其他合格证	1	共33页
60	说明书	负荷开关安装调试说明书	1	共8页
61	安装手册	分相装置安装使用手册	1	共9页
62	安装手册	25kV分段绝缘器安装指导书	1	共7页
63	设计变更	郑黄设计变更	1	共87页

接触网投入运行前，接管部门要做好运行组织准备工作，配齐并训练运行、检修人员，组织学习有关规章制度，熟悉即将接管的设备；备齐维修和抢修用的工具、材料、零部件、交通工具及安全工具；配合有关部门共同做好电气化铁路安全知识的宣传教育工作。

为保持接触网与线路的相对位置，对施工时标出的接触网设计的轨面标准高度线，供电段和工务段在开通前要进行复查，以后每年复测1次，该线要用红色油漆划在支柱内缘或隧道边墙悬挂点的下方，并标出接触线距轨面的标准高度、拉出值（或之字值）、支柱（或隧道边墙）的侧面限界及线路外轨超高。

二、牵引变电所工程

在牵引变电所工程交接的同时，施工和运营单位之间要交换图纸、记录、说明书等开通时必需的竣工资料。

施工单位和运营单位之间要交换图纸、记录、说明书如下。

1. 图纸

① 铁路征用土地总面积图；

② 变电所、亭给排水图；

③ 控制室、休息室、运动室房内照明布置图；

④ 高压室预埋间位置图；

⑤ 电源系统图；

⑥ 变电所、亭基础平面图；

⑦ 高压室、电容器室照明布置图；

⑧ 设置安装图（包括定型图、非定型图）；

⑨ 一次线图，其中应包括：

• 主接线图；
• 总平面布置图；
• 房屋平面布置图；
• 防雷接地平面布置图；
• 屋外间隔断面图；
• 高压室、电容器室母线、网侧布置图。

⑩ 二次线图，其中包括：

• 主接线展开图；
• 控制室配电盘布置图；
• 配电盘盘面布置图，设备总量汇总表；
• 二次回路原理接线图（应含直流电源、开关机构成套保护原理图）；
• 端子排图；
• 配电盘配线图（安装图）；
• 端子箱、电源箱配线图、接线图；
• 室外照明动力布置图；
• 检测车插座内容图册；
• 电缆手册。

2. 记录

① 竣工文件清册；

② 保护整定计算书；

③ 基础工程试验报告；

④ 所有电器设备的出厂试验报告、合格证、交接试验报告；

⑤ 一次、二次设备备品、备件采购清单；

⑥ 一次、二次设备装箱单；

⑦ 开工报告；

⑧ 工程竣工验收报告；

⑨ 工程小结；

⑩ 单位工程质量检测评定表；

⑪ 设备名称表；

⑫ 工程检查证（程检—3，构架基础检—1，电缆地线埋设—12）；

⑬ 工程技术条件表；

⑭ 工程竣工数量详表；

⑮ 设计变更通知单；

⑯ 施工记录（全所及主要设备，少油短路器、主变、真空断路器、电容器组、电抗器、蓄电池组的安装调整，隐蔽工程记录等）。

3. 说明书

（1）二次设备说明书的内容

① 中间断电器、双位置继电器、信号继电器、时间继电器、电流、电压继电器、重合闸继电器等一般继电器使用说明书；

② 电容器差压继电器使用说明书；

③ 电容器高频过流继电器使用说明书；

④ 主变差动继电器使用说明书；

⑤ 馈线距离成套保护装置使用说明书；

⑥ 中央信号成套装置使用说明书；

⑦ 馈线故障点检测装置使用说明书；

⑧ 有功、无功电度表使用说明书；

⑨ 断路器状态仪使用说明书；

⑩ 高压带电显示器使用说明书；

⑪ 电压、电流变送器使用说明书；

⑫ 有功、无功功率及电度变送器使用说明书；

⑬ 镉镍蓄电池使用说明书；

⑭ 可控硅整流装置使用说明书；

⑮ 直流成套装置使用说明书；

⑯ 直流成套装置内逆变电源使用说明书。

（2）工程配置试验仪器使用说明书

（3）一次设备说明书的内容

① 主变说明书。包括说明：安装运输图、吊弦图、铭牌、油位指示图，压力释放图、瓦斯继电器、温度计、分接开关、高压套管、隔膜式油枕、油位计、静油器等附件说明；

② 动力变说明书；

③ 自用变说明书；

④ 电抗器说明书；

⑤ 电压互感器说明书；

⑥ 电流互感器说明书；

⑦ 电容器说明书；

⑧ 并联补偿装置使用说明书；

⑨ 断路器安装使用说明书；

⑩ 手动隔离开关说明书；

⑪ 电动隔离开关使用说明书；

⑫ 避雷器说明书；

⑬ 放电记录器说明书；

⑭ 放电电流记录器说明书；

⑮ 接地放电装置说明书；

⑯ 高压熔断器说明书。

牵引变电所投入运行前，接管部门要制定好运行方式，配齐并训练运行、检修人员，组织学习和熟悉有关设备、规章、制度并经考试合格；备齐检修用的工具、材料、零部件及安全用具等。

在牵引变电所投入运行时要建立各项制度和正常管理秩序；按规定备齐技术文件；建立并按时填写各项原始记录、台账、技术履历、报表等。

① 牵引变电所（不包括无人值班的开闭所和分区亭）应有下列技术文件；

• 一次接线图、室内外设置平面布置图、室外配电装置断面图、保护装置原理图、二次接线的展开图、安装图和电缆手册等；

• 制造厂提供的设备说明书及合格证；

• 电器设备、安全用具和绝缘工具的试验结果，保护装置的整定值等；

• 隐蔽工程图及其有关资料。

② 牵引变电所（不包括无人值班的开闭所和分区亭）应建立下列原始记录：

• 值班日志：由值班人员填写当班期间牵引变电所的运行情况；

• 设备缺陷记录：由巡视人员、发现缺陷的人员和处理缺陷负责人填写日常运行中发现的缺陷及其处理情况；

• 蓄电池记录：由值班人员填写蓄电池运行及充、放电情况；

• 保护装置动作及断路器自动跳闸记录：由值班人员填写各种保护装置（不包括避雷器动作及断路器自动跳闸情况）；

• 保护装置整定记录：记录保护装置的整定情况；

• 避雷器动作记录：由值班人员填写避雷器动作情况；

• 主变压器过负荷记录：由值班人员按设备编号分别填写主变压器过负荷情况。

③ 牵引变电所控制室内要挂有一次接线的模拟图。模拟图要能显示断路器和隔离开关的开、闭状态。

④ 无人值班分区亭的技术文件和原始记录，由维护班组负责填写与保管。巡视、维修记录的格式由铁路局制定。

《条文说明》对第 8 条规定的出厂说明书和设备合格证说明：在工程交接时应随设备同时交接。

为在牵引变电所故障时能尽快地恢复正常供电，最大限度地减少对运输的影响，供电段要在平时做好故障处理的演练，提高判断和处理故障的能力。要时刻做好抢修事故的准备，建立严密的抢修组织，制定科学的应急措施，所有的备用设备、零部件和材料等要经常保持良好状态，使之能随时使用。

第六节 行车组织规则

《行车组织规则》是各铁路局根据铁道部《技术管理规则》结合本铁路局特点编写的，仅适用于本铁路局管内，下面只将相关的通用规定进行学习。

一、电力机车牵引区段隔离开关操作的规定

① 隔离开关操作人员必须熟悉、掌握供电系统的隔离开关、分段绝缘器位置及线路有无接触网等设备情况。对已停电检修或打开隔离开关断电的线路，要在控制台有关按钮上挂无电表示牌（计算机联锁由车站自定）。

② 进行隔离开关开闭作业时，必须有两人在场，一人操作，一人监护。操作、监护人员由供电段组织培训，考试合格后由供电段发给隔离开关操作证才能担任操作或监护工作。

③ 隔离开关操作前，操作人必须穿戴好规定的绝缘靴和绝缘手套，确认开关及其传动装置正常、接地良好，方准按程序操作。操作要准确迅速、一次开闭到底，中途不得停留和发生冲击。操作过程中，人体各部位不得与支柱及其构件相接触。雷电来临时或在雷电中，禁止操作隔离开关。

④ 发现隔离开关及其传动装置状态不良时，操作人员应立即报告供电调度派人检修。在未修复之前不得进行操作，严禁擅自攀登自行修理。

⑤ 绝缘靴、绝缘手套由各使用单位自备（或委托供电段代购），投入使用前要送供电段作绝缘耐压试验，合格后才能使用。不用时应放于阴凉干燥、不落尘灰的容器内，每半年供电段检查试验一次。每次使用前要仔细检查，发现有裂纹等异状时，禁止使用。

⑥ 带接地闸刀的隔离开关，其主刀闸应经常处于闭合状态。因工作需要断开时，工作完毕后要及时闭合。

⑦ 在隔离开关的转动杆上距轨面 3m 高处，由供电段加装有电或无电表示标志。

⑧ 隔离开关断开或闭合后要及时加锁。站内货物装卸线上的隔离开关应使用“子母锁”（亦称双胆锁）；因装卸作业隔离开关断开加锁后，一把钥匙交回运转室，另一把钥匙由装卸值班员（没有装卸值班员的车站由货运员或站务员）保管。装卸完毕，隔离开关闭合加锁后，两把钥匙一并交运转室保管。

二、在有接触网线路上设置安全作业标、整备作业表示灯及进行作业的补充规定

① 设有接触网分段绝缘器和隔离开关的线路上的安全作业标志，在既有线路上由使用单位、在新建线路上由电化施工单位负责制作设置。

② 在敞、平车上（风动卸碴车除外）进行装卸作业或在机车车顶上进行整备作业时，必须在安全作业标内方并确认停电后，方可进行。作业完毕值班员应确认所有人员离开危险区后，方准向接触网送电。

③ 电力机车折返段设有接触网有、无电表示灯时，均须确认该表示灯表示接触网已无电后，方准登上车顶进行整备作业。

其他事项：

① 遇临时特殊情况，既未列入月度施工计划又影响列车运行的施工，施工单位应按批准权限，以电报报铁路局批准。

② 行车设备临时故障影响列车运行时，由列车调度员批准。

③ 到发线以外的站线、岔线及其他有关设备的施工，影响设备使用而不影响正常行车的，由施工单位直接与所属站、段、厂商定。

④ 在电力机车牵引区段利用“天窗”时间检修接触网设备时，要及时停、送电。检修接触网的轨道车，必须按停、送电时间进入和撤出停电区。

⑤ 施工、慢行起止时间以调度命令为准。

⑥ 在线路上施工影响到装有车辆运行安全监测系统（“5T”系统）、车号自动识别 AEI 设备的使用时，须提前通知铁路局车辆部门，由车辆部门派人现场监护以上设施，配合施工。

三、接触网停电时列车运行的补充规定

① 电力机车牵引区段列车在区间运行遇接触网停电时，应立即降弓，选择有利地形停车。由运转车长（无运转车长时由机车司机用列车无线调度通信设备）报告列车调度员按其指示办理，并按规定进行防护。待接触网送电将列车制动系统充风至规定压力后，撤除防护及防溜措施，按规定继续运行。

② 在“天窗”内进行接触网施工时，除接触网施工用的接触网检查车、重（轻）型轨道车外，其他机车车辆及重（轻）型轨道车，不经列车调度员许可，不准进入施工停电区间。

③ 接触网停电时，列车在区间应就地制动停车。在晋城北—月山和嘉峰—济源（莲东）间列车停车后并实行紧急制动，分别超过 90min 或 150min 时，机车司机应鸣笛 3 短声拧紧人力制动机信号，此时运转车长应组织乘务人员立即拧紧全列车电化区段规定可以拧紧的人力制动机，并安放所有止轮器，无运转车长值乘的货物列车由机车乘务员安放所有止轮器及可采取的防溜措施。

接触网停电后，列车调度员、供电调度员要密切联系，如分别在 90min 或 150min 内不能恢复时，应采取救援措施。

特殊情况：电力机车牵引区段使用内燃机车的规定（例如 2008 年初春，南方遭遇 50 年不遇的雪灾，武—衡段改变牵引机车方式）。

（1）电力机车牵引区段遇下列情况之一时，准许使用内燃机车：

① 事故救援时；

② 调车机车、调度机车及线路大修工程列车在规定区段内运行时；

③ 挂运装载超限货物车辆需要停电时；

④ 需要停电在区间卸车时；

⑤ 牵引供电设备较长时间故障时。

（2）电力、内燃机车共同运行的区段，在批准的接触网停电检修时间内必须有内燃机车牵引的列车运行时，应于下达的施工命令中说明，施工负责人应提前与有关车站联系（按《技规》第 314 条的办法），以保证列车邻站开车（通过）前撤出。检修施工时须按规定进行防护。

四、电力机车降弓运行的补充规定

① 接触网故障或其他原因，电力机车受电弓不能正常通过时，机车司机应根据调度命令和降升弓标志或降升弓手信号，及时降下或升起受电弓。

② 需电力机车长期降弓通过的故障地段，除列车调度员、供电调度员发布的调度命令外，供电段应按《技规》第 209 图规定在故障地段列车运行方向的左侧，设置准备降弓标志和降、升弓标志。

③ 突然发现接触网故障时，经发现人员判明仍能降弓运行时，应站在准备降弓和升弓标志的位置处，向机车司机显示降弓、升弓手信号并设法通知供电调度员和列车调度员；如不能降弓运行时，应及时向列车发出停车信号，使列车停车，然后设法将故障情况和地段报告供电调度员和列车调度员。供电调度员应立即组织处理；列车调度员应向能降弓通过故障地段的各次列车，发布降弓的调度命令。

④ 在京广线柏庄—孟庙，陇海线洛阳—虞城县，宁西线商南—南阳等设锚段关节式电分相的区段，列车通过电分相时，除本务机车外，列车中编挂的其他机车须在“禁止双弓”标处降弓，在“合”电标处升弓。

五、电力机车被迫停在接触网分相无电区救援的补充规定（《技规 302 条》）

电力机车被迫停在接触网分相无电区时，机车司机要立即降弓，查明列车前方接触网无电区长度，判断电力机车能否从前部救援，并及时报告车站值班员和列车调度员。列车调度员根据机车司机的报告和救援机车实际情况，确定救援方案进行救援。

在电力机车牵引区间卸车时，原则上应停电作业，否则在任何情况下卸车人员、工具、货物及其他物件，不得侵入距接触网导线和接触网其他带电部分 2000mm 的范围内，若不能保证时，必须请求停电后，方可进行。

当停电进行装卸作业时，无论在车站或区间，任何物件均不准直接触及接触网设备。

在区间需停电卸车时，列车到达卸车地点后，由指派的胜任值乘人员以区间电话或列车无线调度通信设备通知列车调度员停电，待得到停电命令通知并确认后，方准进行作业。

卸车清道完毕，卸车负责人应在确认卸车人员已经全部在安全地点后，填写《送电申请书》交指派的胜任值乘人员，指派的胜任值乘人员确认具备送电条件后，报告供电、列车调度员恢复送电。

内燃机车牵引列车在区间停电卸车时，应在列车进入区间前停电。

（1）施工特定行车办法的补充规定（《技规》第 258 条、309 条）

① 铁路局在下达的月度施工计划或施工电报中须注明采用“施工特定行车办法”，调度所施工调度员应于施工前一天 12 点前向有关站、段及施工单位发布采用“施工特定行车办法”的施工计划调度命令。施工起、止时间以列车调度员发布的调度命令为准。

② 必须具有良好的通信记录装置。

③ 仅限正线固定进路接发列车。

（2）汛期暴风雨中行车办法的补充规定（《技规》第 22 条、298 条）

①“防洪危险处所（一览表）”年度查定公布的同时，铁路局工务处须抄送跨局列车运行相关铁路局。

② 工务人员要严格执行降雨量和洪水位警戒制度，认真执行分段负责、冒雨检查和洪水通过危险地段地点检查监督制度。巡道工、桥隧巡守工、塌方落石及重点病害处所的看守人员必须坚守岗位，增加巡检次数。列车接近时，应显示规定的信号。工务人员在江河洪水

高涨、线路情况不明危及行车安全时，可拦停列车并立即向车站值班员汇报，待查明情况排除险情后，再放行列车。

③ 电务和供电部门要对水害地段的信号机、接触网杆、通信杆、自闭线电力杆等管辖设备增加巡检次数，做到设备状态良好，保证信号显示正确、通讯畅通、接触网正常供电。

六、区间接触网故障抢修的规定

① 当区间没有列车时，供电调度员应立即将故障处所通知列车调度员，并通知供电段和接触网工区迅速出动。列车调度员应立即封锁区间，放行抢修车。

② 当区间停有列车时，列车调度员得到运转车长或机车司机已被迫停车的报告和供电调度员的抢修报告后，应立即发布调度命令向封锁区间开行抢修车并通知运转车长或机车司机在抢修车开来方面设置防护。

③ 区间停有列车，未得到运转车长或机车司机的报告时，列车调度员（会同供电调度员）应采取措施查明区间情况后，向抢修车发布进入封锁区间的调度命令，并通知运转车长或机车司机在抢修车开来方面设置防护。

七、“天窗”时间规定

① 维修“天窗”：减去每月“逢五逢十”，其余为工作日，双线正线每天上、下行各不少于1次，单线正线每天不少于1次。双线正线每月上、下行各不少于25次，单线正线不少于25次。电气化区段双线上、下行正线每次不少于90min，单线不少于60min；非电气化区段双线上、下行线每次不少于70min，单线不少于60min。

② 施工“天窗”：时间应与维修“天窗”时间重叠，具体时间应在月度施工计划中确定。大型机械作业时，每次不少于180min（考核时，若第一列不允许过旅客列车的施工，可酌减20min）。

③ 电务垂直“天窗”：是用于电务部门检修双线区间、车站，同时影响上下行正线或全站信号设备正常使用的时间。每站每月必须安排2次不少于30min的垂直“天窗”。

④ 供电垂直“天窗”：电气化区段接触网每一个供电臂或停电单元，每季必须保证不少于1次30min的接触网设备检修垂直“天窗”，并保证覆盖每一个供电臂或停电单元。

⑤ 当日安排有施工“天窗”时，维修“天窗”应在施工“天窗”内完成。用于电务、供电检修的垂直“天窗”应纳入月度计划，并与施工、维修“天窗”尽量综合使用。第16条列车调度员对供电调度员的签点与车站值班员给接触网《行车设备检查登记簿》的签点要一致。遇有“天窗”给点时间较图定“天窗”提前40min及以上，列车调度员应在实际给点前90min通知车站，车站通知有关作业单位并在“×天窗-2”上进行登记；作业单位要在接到通知后的30min内到车站进行登记。“天窗”较图定滞后时，作业单位可在图定“天窗”前40min登记；但“天窗”较图定滞后60min及以上时，列车调度员应通知车站值班员，由车站值班员通知作业单位并在“×天窗-2”上进行登记。

八、综合“天窗”维修施工计划

各供电、工务、电务、桥工段及郑州工务机械段编制月度施工计划内容应包括：维修

“天窗”计划、施工“天窗”计划、垂直“天窗”计划。各业务处要对管内施工单位的月度施工计划严格审核，尤其对多个单位作业或一个单位多处作业的，要充分考虑施工单位的施工组织，防止计划冲突，提高计划的准确性和预见性，提高综合“天窗”修的兑现率和利用率。

供电部门需用垂直“天窗”在双线隧道内进行检修作业时，应在《行车设备检查登记簿》上明确停电及轨道车（车梯）占用的线别和范围；工、电部门在不影响供电作业的情况下充分利用垂直“天窗”进行检维修作业。

接触网工区每天应在18点前，向供电调度提报次日停电计划及轨道车运行计划，供电调度将上述作业计划及时向调度所“天窗”主管人员提报，调度所“天窗”主管人员将作业计划分送至列车调度员。供电调度员要加强与列车调度员联系，落实停电计划。

供电调度员接到停电命令后及时向有关变电所值班员传达，值班员接到停电命令后，要迅速、准确实施停电。列车调度员批准的停电时间与车站《行车设备检查登记簿》的签认应一致；《行车设备检查登记簿》的签认时间与实际停电时间相差不能超过10min。

施工车辆需要到驻地以外的车站作业时，防护联络员应在图定“天窗”点前90min到所在车站申请放行施工车辆。列车调度员应安排施工车辆在实际给点前到达所去车站，施工结束后要及时安排施工车辆返回工区所在车站。

各单位作业人员应在“天窗”点前20min到达作业地点并做好准备工作。

九、“天窗”维修供电作业项目

1. 维修“天窗”（需停电）**作业项目**

① 检调接触悬挂。

② 检调（更换）软、硬横跨。

③ 检调锚段关节。

④ 检调（更换）中心锚结。

⑤ 检调线岔。

⑥ 检调（更换）分段绝缘器。

⑦ 检调（更换）分相绝缘器。

⑧ 检调（更换）电联结器。

⑨ 检调（更换）支撑定位器。

⑩ 测量导线磨耗。

⑪ 检修隔离开关、避雷器及引线。

⑫ 检调正馈线、供电线。

⑬ 检调、安装接触悬挂、支撑装置上的设备标志、号码。

⑭ 更换整锚段接触线。

⑮ 更换整锚段承力索。

⑯ 车梯巡检。

⑰ 轨道吊车立杆、拔杆。

⑱ 安装、改造软、硬横跨。

⑲ 清扫、更换、安装绝缘子。

2. “天窗”点外作业项目

① 开挖、回填基坑（包括锚坑、支柱坑、接地极沟），浇注基础、埋设接地极。

② 测量接地电阻。

③ 测量接触网技术参数（利用激光道尺测量，包括接触线、承力索位置，线岔、锚段关节、中心锚结等）。

④ 在非带电部分检调、安装保安装置、标志、设备号码、参数牌。

十、电气化接触网工程分段验交的范围、条件及要求

接触网为一个运行区段。

竣工交付使用前，由建设项目管理机构会同铁路局组成验收小组，对接触网设备按设计标准全面检查验交。施工单位应按初验记录克服缺点，经正式验收后，由施工单位和接管单位联合发电报，请求铁路局安排冷滑行试验。

冷滑行一般进行两至三次，每次冷滑试验结束，对存在问题必须认真解决后，方可进行下次冷滑行试验。

经冷滑行试验及接触网绝缘测试合格后，方可按铁路局安排送电。

送电后，应在供电臂末端验电，空载运行 1h 无异常，方可进行电力机车负载试验，负载运行 24h 无故障，即可由施工单位与供电段办理交接手续。

第三章　铁路电力安全工作规程

第一节　总则及一般要求

一、总则

由于电力工作人员在作业过程中经常接触或接近高、低压电力设备，存在着触电危险，因此在作业时保证人身安全十分重要。

为了防止事故发生，各级领导必须加强安全生产管理，把安全生产列入议事日程，建立健全各项制度，认真抓好宣传、教育、检查和总结工作，不断改善职工的安全作业条件，对所发生的事故本着“三不放过”的精神严肃处理。

电力工作人员应严格遵守各项安全规章制度，服从命令，克服麻痹侥幸心理，努力钻研技术业务，熟练掌握本职工作，关心同志的安全，坚决克服各种不安全因素，防止事故发生。

二、一般要求

第 1 条：运行中的供电设备系指全部带有电压，或部分带有电压及一经操作即可带有电压的设备。

铁路供电设备一般可分为高压和低压两种。

高压：设备对地电压在 250V 以上者；

低压：设备对地电压在 250V 及以下者。

第 2 条：电力工作人员必须具备下列条件方能参加作业；

① 经医生诊断无妨碍从事电力工作的病症，如：心脏病、神经病、癫痫病、聋哑、色盲症、高血压等，体格检查一般两年一次。

② 具备必要的电力专业知识，熟悉本规程有关内容，并经考试合格。

③ 应会触电急救法。

第 3 条：对电力工作人员必须按下列规定进行技术安全考试：

(1) 定期考试　每年一次。对考试合格者发给“电力安全合格证”。

(2) 临时考试

① 新参加工作已满六个月者；

② 工作连续中断三个月以上又重新工作者；

③ 工种或职务改变者。

第 4 条：新参加电力工作的人员、实习人员和临时参加劳动的人员（干部、临时工等），必须经过安全知识教育后，方可随同参加指定的工作，但不得单独工作（表 3-1）。

表 3-1　××段人身伤亡案例

序号	单位	时间	职名	姓名	性别	年龄	类别	性质	地点	事故概况
1	电力工区	1973 年 5 月 23 日	电力工	高	男	40	触电	死亡	变电所	变电所清扫设备时，侵入限界，接触带电设备死亡。
2	电力工区	1977 年 9 月 19 日	电力工	崔	男	38	触电	死亡	变电所院内	拆除墙上避雷器时，误登电杆。
3	电力工区	1980 年 8 月 13 日	技术员	宋	男	38	触电	死亡	变电所内	检修变电所时，扩大检修范围。
4	综合车间	1981 年 7 月 17 日	工　长	李	男	38	触电	死亡	月山变电所	对变电所进行组别试验时触电死亡。
5	给水工区	1983 年 11 月 26 日	给水司机	常	男	50	煤气中毒	死亡	给水所	私自在住处生火。
6	给水工区	1984 年 3 月 27 日	上水工	杨	男	50	车辆伤害	死亡	南场上水工区	清扫地沟时，被机车撞伤。
7	电力工区	1985 年 6 月 18 日	电力工	王	男	43	触电	死亡	九府坟车站	拆除低压线路时，触电死亡。
8	电力工区	1985 年 7 月 19 日	电力工	张	男	43	淹溺	死亡	淇河	工作时间下河洗澡溺水。
9	电力工区	1986 年 9 月 13 日	配电工	周	男	23	触电	死亡	南岸变电所	清扫变电所高压设备时，未采取技术措施停电。
10	电力工区	1987 年 8 月 17 日	电力工	田	男	22	触电	死亡	襄垣站家属区	挂接地封线时误登电杆。
11	给水工区	1992 年 4 月 27 日	给水司机	沈	男	50	坍塌	死亡	安阳车站	开挖管沟时管沟坍塌。
12	电力工区	1994 年 5 月 21 日	电力工	张	男	31	高空坠落	死亡	新乡车站货场	上灯桥更换灯泡时，触电高空坠落。

第二节　保证安全工作的组织措施

（1）全部停电作业　系指电力线路全部中断供电或变、配电设备进出线全部断开的作业。

（2）邻近带电作业　系指变配电所内停电作业处所附近还有一部分高压设备未停电；停电作业线路与另一带电线路交叉跨越、平行接近，安全距离不够者；两回线以上同杆架设的线路，在一回线上停电作业，而另一回线仍带电者；在带电杆塔上刷油、除鸟巢、紧杆塔螺丝等的作业。

（3）不停电的作业　系指本身不需要停电和没有偶然触及带电部分的作业。如更换绑桩、涂写杆号牌、修剪树枝、更换灯泡、检修外灯伞等的作业。

（4）带电作业　系指采用各种绝缘工具带电从事高压测量工作，检修或穿越低压带电线路，拆、装引入线等工作，以及在高压带电设备外壳上的工作。

案例 3-1

房××触电死亡事故

（一）事故概况

1995年4月30日11时52分，洛阳水电段管内混池至三门峡间自闭线发生接地故障，造成供电不正常，经段调度选择后，确定故障地段在杨连第一庙沟间的1#隔离开关至51#隔离开关间，15:00由三门峡电力车间主任组织人员分二组对该区段高压自闭线路进行检查，孙××带领房××、李××一组到杨连弟车站后上山查线，孙××在前，房××在中，李××在后，房××走到自闭6#杆后，发现杆上瓷瓶有污垢，自认为瓷瓶有故障，在没有向任何人请示情况下，不截安全帽、不扎安全带就登杆检查，当随后的李××发现房××登杆后，向房提醒不要触摸瓷瓶和线条，房答："没电，没事"。房××用右手将右侧边相瓷瓶擦干净后，没有发现瓷瓶问题，然后用左手去擦左侧边相瓷瓶时，左小臂触及线条触电，身体向后，头部朝下从杆上摔下，当时昏迷不醒，于15:30分送医院抢救无效，17:00死亡。

（二）原因分析

① 事故发生后，分局、段迅速组织有关人员进行调查，调查分析认为，下钻铁路自闭电力线路的观音堂煤矿10kV供电线路没有经铁路部门同意，私自抬高线路，当天气温较高，电力线路驰度增大，再加上风力作用，使电线路摆动，引起瞬间放电，是造成房××触电死亡的主要原因。

② 三门峡电力车间本次抢险，组织不严密，不按照故障抢修特殊办法执行，监护人起不到监护作用，作业人员简化作业程序、不设接地封线，劳保用品穿戴不齐，严重违反了电力安全规程103号中第13条、27条、42条、49条的规定，是造成房××死亡的重要原因。

③ 三门峡电力车间设备巡视不到位，没有及时发现观音堂煤矿10kV供电线路抬高，与自闭线交叉距离不够，是造成房××死亡的又一个重要原因。

（三）措施

加强设备巡视、提高应急处理能力。

案例 3-2

郭××高空坠落摔伤事故

（一）事故概况

1997年4月20日11时左右，偃师电力车间在组织人员对首阳山二级站主电线路停电检修时，电力工郭××按领导要求对侵限危树进行砍伐，在砍伐过程中对一棵桐树的树枝（对地距离二米左右），郭××跳起砍了几次都没砍掉，车间领导发现后，叫来一名电力工，两人把郭××托起来，让郭××用手抱住树枝把树枝拉断，郭××伸直身子，双手拉住树枝，因树枝已被砍伤，树枝随即被折断掉下来，由于重力作用的原因，郭××身体下降过程中，将站在地面托起他的两人推向两侧，自己重重摔在地上。由于臂部着地，造成胸十二椎骨椎体变形，构成人身轻伤事故。

（二）原因分析

① 现场作业人员安全意识不强，安全预想不够，自控能力差，违章指挥作业，导致现场失控，是造成这次事故的主要原因。

② 施工组织不严密，安全防范措施不力，严重违反了电力安全规程103号中第84条、85条之规定：“上树砍剪树枝时，工作人员不应攀抓脆弱和枯死的树枝，应站在坚固的树干上系好安全带，并设专人防护，防止打伤人的规定”，是造成这次事故的重要原因。

（三）措施

严格执行电力安全规程103号中第84条、85条的规定。

在电力设备上工作，保证安全的组织措施为：

① 工作票制度（包括口头命令或电话命令）；

② 工作许可制度；

③ 工作监护制度；

④ 工作间断和转移工地制度；

⑤ 工作结束和送电制度。

一、工作票制度

在电力设备上工作，应遵守工作票制度，其方式如下：

① 填用停电作业工作票（见相关规定）；

② 填用带电作业工作票（见相关规定）；

③ 填用倒闸作业票（见相关规定）；

④ 以口头或电话命令时，应填入安全工作命令记录簿（见相关规定）。安全工作命令记录簿应看作与工作票同等重要。

在下列设备上全部停电、邻近带电的作业，应签发停电工作票：

① 高压变、配电设备上的作业；

② 高压架空线路和高压电缆线路上的作业；

③ 高压发电所停电（机）检修，或两套以上有并车装置的低压发电机组，当任一机组停电作业；

④ 在控制屏（台）或高压室内二次接线和照明回路上工作时，需要将高压设备停电或做安全措施者；

⑤ 在两路电源供电的低压线路上的作业。

在下列设备上作业，应填写带电作业工作票：

① 在高压线路和两路电源供电的低压线路上的带电作业；

② 在控制屏（台）和二次线路上的工作，无需将高压设备停电的作业；

③ 在旋转的高压发电机励磁回路上，或高压电动机转子电阻回路上的工作；

④ 用绝缘棒和电压互感器定相，以及用钳形电流表测量高压回路的电流。

在下列设备上作业，按口头或电话命令执行：

① 单一电源供电的低压线路停电作业；

② 测量接地电阻，悬挂杆号牌，修剪树枝，测量电杆裂纹、打绑桩和杆塔基础上的工作。

案例 3-3

伐树造成职工轻伤事故

（一）事故概况

1989 年 8 月 9 日，洛阳东电力领工区维修班在维修金铁电源线路砍树时，王××由于站立位置不当，思想不集中，砍刀打滑，将左手中指砍伤，造成轻伤事故。

（二）原因分析

“安全第一，预防为主”这句话，是从血的教训中总结得来的，事故往往发生在一瞬间，当你后悔时，已经来不及了，王××的轻伤事故就是这个原因，砍树时，站位不当，思想不集中，忘了安全，盲目作业，导致砍刀打滑，砍伤左手中指的轻伤事故。

（三）措施

严格执行《技规》中要求，如职工上班前应充分休息，不得饮酒等。

安全规程明确规定了检修作业人员的职责，如：

1. 工作票签发人的条件和责任

（1）工作票签发人的条件　工作票签发人不是谁都可以担任的，必须由工长、调度员、所主任、技术人员或段总工程师其中 1 名指定人员担任工作票签发人。

（2）工作票签发人的责任　在签发工作票时，其责任是：确认工作的必要性，采取正确、完备的安全措施和正确指派各项工作人员。

① 确认工作的必要性。不必要的工作作为发票人在签发工作票并执行后，只能是在做无用功，浪费人力和财力；而且还可能顾此失彼，该检修的电力设备没有及时得到检修，导致设备漏检乃至失修而发生事故。

工作必要性的依据是指：

- 根据该工区全年的电力设备检修计划安排工作。
- 根据巡视中发现的设备问题、缺陷安排工作。
- 根据上级下达的工程项目、任务安排工作。
- 其他经确认必要的工作。

② 采取正确、完备的安全措施是指：工作票签发人在签发工作票时，所签写的安全措施首先必须正确。不正确的安全措施写得再多、再完备，肯定还会发生人身、设备方面的事故。如应挂的地线根数足够、位置正确，挂地线等措施是完备的甚至是无懈可击的，但停电的范围从工作票中出现错误，就可能酿成事故。其次安全措施必须完备。完备的安全措施是指发票人在签写的工作票中，安全措施不仅要正确，而且要齐全。不齐全、不完备的安全措施往往也会埋下事故隐患。仍以地线为例，工作票中规定的位置正确，但根数不够，来电的某一个支路没有被封住，对人身安全的威胁是极大的。

正确和完备是安全措施的两个方面，缺一不可。既正确又完备的安全措施才能保证人身和设备安全。

③ 正确指派各项工作人员。

2. 工作领导人的条件和责任

（1）工作领导人的条件　配电所主任、技术人员或工长，符合这些条件之一，方可担任工作领导人。

（2）工作领导人的责任　负责统一指挥两个以上工作组同时作业和总的作业安全。

3. 工作执行人的条件和责任

（1）工作执行人的条件　熟悉设备、工作熟练、责任心强，有一定组织能力的人员。

（2）工作执行人的责任

① 检查现场安全措施是否完备。

检查依据主要是工作票。检查内容主要有：实际停电线路与工作票上的停电线路是否相符；实际采取的工作措施与工作票中应采取的工作措施是否相符；实际工作地段与工作票中的工作地段是否相符；实际所挂地线的线路名称、杆号与工作票中要求挂地线的线路名称、杆号是否相符等。

② 向工作组成员正确布置工作，说明停电区段和带电设备的具体位置。

③ 监护工作组员的安全，检查工作质量，按时完成任务。

4. 工作监护人的条件和责任

（1）工作监护人的条件　能独立工作，熟悉设备并有一定工作经验的人员。

（2）工作监护人的责任

① 在现场不断监护工作人员的安全。

② 发现危及人身安全的情况时，应立即采取措施，坚决制止继续作业。

③ 一旦发生意外情况，应迅速采取正确的抢救措施。

5. 工作许可人的条件和责任

（1）工作许可人的条件　由配电值班员或能独立工作、熟悉设备并有一定工作经验的人员担任。在线路停电作业时，由工作执行人指定工作许可人完成有关安全措施。

（2）工作许可人的责任

① 完成作业现场的停电、检电、接地封线等安全措施。

② 检查停电设备有无突然来电的可能。

③ 向工作执行人报告允许开工时间。

6. 工作组员的条件和责任

（1）工作组员的条件　技术安全考试合格的人员。

（2）工作组员的责任

① 明确所分担的任务，并按时完成任务。

② 严格遵守纪律，执行安全措施，关心其他组员的安全。

③ 在工作中，发现问题及时向工作执行人提出改进意见。

案例 3-4

袁××触电伤害重伤事故

（一）事故概况

1987 年 6 月 8 日，洛阳东电力领工区在维修洛阳至洛阳西自闭线路时，洛阳东电力维修班职工袁××误登洛阳至磁涧贯通电线路电杆，造成触电重伤事故。

（二）原因分析

1987 年 6 月 8 日，洛阳东电力领工区在维修洛阳至洛阳西自闭线路时，在作业前组织全体工作组员宣读了工作票，并一再强调自闭线路与贯通线路平行，防止错登电杆并分配了每个人检修几根电杆的任务。采取完安全措施后，工作作业开始，当袁××行至贯通 41 号杆处，是自闭电缆与贯通电缆交叉通过，自闭线路电杆与交叉过去的贯通电杆对应，杆号由于长期曝晒雨淋，油漆脱落，字迹不清，领工区又未派熟悉设备的人员进行监护，袁××本人又未认真确认，误登电杆，严重违反了电力安全规程之规定是造成这次触电重伤事故的主要原因。

（三）措施

严格执行安全规程103号中第13条、27条、28条、78条、81条。

工作票按下列规定填发和管理：

① 在发、变、配电所内作业或由发、变、配电所停电的线路上作业时，应填写一式两份，其中一份发给值班员，另一份发给工作执行人（有工作领导人时，发给工作领导人）。上述以外的作业，可填一份发给工作执行人。

② 一般一个工作地点或一个检修区段填发一张工作票。但如在一个发、变、配电所内全部停电或在一个站场内（由配电所依次倒闸停送电时除外）几条线路全部停电，并有两组同时工作时，可仅签发一张工作票发给工作领导人。如上述作业仅有一组工作，需要检修另一线路时，应按转移工地办理。

当一个工作执行人负责的工作尚未结束以前，禁止发给另一张工作票。

③ 发给工作领导人的工作票，应注明工作组数及各工作执行人的姓名。

④ 各工作负责人在工作前对工作票中的内容有疑问时，应向签发人询问明白，然后进行工作。

⑤ 工作结束后由作业班组保存半年。

事故紧急处理可不签发工作票，但必须采取安全措施。

施工单位在供电段管辖的电力设备上施工时，应向供电段有关的电力工区或变配电所办理工作票手续。

案例3-5

停电作业措施不彻底造成触电轻伤事故

（一）事故概况

1994年10月8日上午9时，洛东电力维修班根据车间安排到水电段岳村家属楼进行施工。到工地后，经车间调度同意，派人到工厂配电室停电，停完（岳村）家属楼回路，经验明无电后，在配电柜门上挂“禁止合闸”牌1个。随后，根据工作负责人（执行人）安排，张××登上1号杆作业，王××登上2号杆作业，其余在地面工作，张××在杆上用低压电笔验明无电后，把从配电室方向输出的四根线绞断，往岳村方向去的三根相线绞断，准备利用零线（此时2#杆三个相线已断落地），当工作绳使用，12点25分左右，当张××在杆上转身拆除横担时一手拉住拉线，一手拉住裸铝零线，此时岳村农民住宅突然出现反送电造成张××低压触电，在地面上工作的吴××发现后，连忙让2号杆上王××把零线绞断，使张××迅速脱离电源，脚扒滑掉，双手脱离导线和拉线，因安全带系在电杆上，整个身体撞击在电杆上后被吊在上面，造成张××腰部碰伤。构成人身轻伤事故。

（二）原因分析

本次施工作业，既没有签发工作票，又没有签发安全命令记录簿，工作许可人对设备不熟悉，没有考虑到反送电的可能，安全预想不够，严重违反了电力安全规程规定是造成这次事故的主要原因。

（三）措施

严格执行安全规程103号中第9条、10条、13条、33条、38条。

二、工作许可制度

在不经变配电所停电的线路上作业时，由工作执行人指定工作许可人完成安全措施后可开始工作。凡经变、配电所停电的作业，工作许可人（值班员）应审查工作票所列安全措施是否完备，是否符合现场条件，在完成所内停电、检电、接地封线等安全措施后还应：

① 会同工作执行人检查安全措施，以手触试证明检修设备确无电压；

② 对工作执行人指明带电设备的位置，接地线安装处所和注意事项；

③ 双方在工作票上签名后方可开始工作。

工作执行人、工作许可人都不得擅自变更安全措施，值班员不得变更检修设备的运行接线方式。遇有特殊情况需要变更时，应取得工作票签发人的同意。

停电作业的线路与其他单位的带电线路交叉跨越安全距离不够时，应同有关单位办理停电许可手续。严禁约定时间停电、送电。

三、工作间断及转移工地制度

在白天，因吃饭或休息暂时中断变、配电所作业时，全部接地线可保留不动，但工作人员不宜单独留在高压室内，暂时中断电线路作业时，如工作人员已离开现场，应派人看守工地。恢复工作前，工作执行人应检查接地线等安全措施。

使用数日有效的停电工作票，每日（次）收工时，应清理工地，开放已封闭的道路，将工作票交给值班员，但临时接地线、防护物及标示牌可保持不动，次日开工前，工作许可人必须检查工地所有安全措施，重新履行许可开工手续，方可开始工作。

四、工作结束和送电制度

完工后工作组应清理工具、材料，工作执行人详细检查工作质量，工作人员全部由作业设备上撤离后，按下列程序恢复送电：

① 线路局部停电作业，由工作执行人通知工作许可人撤除地线，摘下标示牌，然后合闸送电。

② 干线停电作业，配电值班员接到工作执行人工作已结束的通知后，将工作执行人姓名、通知时间及方法等记人工作票和工作日志内，然后摘下标示牌，撤离接地线，方可合闸送电。多组作业时，应注意标示牌数目和结束工作的组数相符。

③ 在变、配电设备上作业时，配电值班员接到工作执行人工作已经结束，工作组人员已撤除工地的报告后，将完工的时间记录在两份工作票内，按下列次序恢复送电：

- 核对摘下的标示牌数和结束工作组数是否相符；
- 撤除临时接地线，并按登记号码核对无遗漏；
- 撤除临时防护物及各种标示牌；

- 恢复常设栅栏；
- 合闸送电。送电后，工作执行人应检查设备运行情况，正常后方可离开现场。

第三节 保证安全的技术措施

在全部停电作业和邻近带电作业中，必须完成下列安全措施：①停电；②检电；③接地封线；④悬挂标示牌及装设防护物。

上述措施由配电值班员执行。对无人值班的电力设备（包括电线路），由工作执行人指定工作许可人执行。

案例 3-6

寇××、蒋××人身危机

（一）事故概况

1993年10月19日10点45分，洛阳折返段配电所电务二馈出回路过流跳闸，顶跳金铁电源，11:00段调令合母联送北环一、生活线、西贯通，令洛电检查金铁电源线路、电务二线路，经查电务二、金铁电源线路没有明显故障点，准备摇测馈出回路电缆。12:05洛东电力车间调度孟××电话令洛阳配电所值班员张××、蒋××在电务二、金铁电源柜连接地封线各一组，此时，洛阳电力工区职工寇××到配电所询问封线是否挂上，张、蒋说现在就操作，蒋打开电务二柜门，挂封线时不好挂，寇讲："我来挂"，寇问蒋："是否挂下面"，蒋答"平时挂上面"，寇、蒋各持一根封线杆，在挂封线时封线对带电高压母线安全距离不够造成弧光短路，烧损母联电缆头，构成人身危机事故。

（二）原因分析

1993年10月19日，洛阳电力车间在处理故障过程中寇××、蒋××违反了铁路电力安全工作规程103号和规定电力工、配电工职责范围规定是造成这次事故的根本原因。

（三）措施

严格执行安全规程中第2条、13条。

停电、检电、接地封线工作必须由两人进行（一人操作，一人监护）。操作人员应戴绝缘手套，穿绝缘鞋（靴），戴护目镜，用绝缘杆操作（机械传动的开关除外）。人体与带电体之间应保持不小于表3-2规定的安全距离。

表 3-2 人体与带电体之间最小安全距离 m

带电体电压	有安全遮栏	无安全遮栏
10～110kV	0.35	0.70
35kV 及以下	0.60	1.00
66kV 及以下	1.50	2.00

一、停电

电力线路作业时，必须停电的设备如下：

① 作业的线路，即断开发电所（车）、变、配电所向作业线路送电的断路器和隔离开关

或熔断器或断开作业线路各端的柱上断路器和隔离开关或熔断器；

② 断开有可能将低电压返送到高压侧的开关；

③ 工作人员的正常活动范围与带电设备之间的安全距离小于表3-3规定的检修线路和邻近、交叉的其他线路。

④ 与接触网合架的高压电力线路必须利用接触网停电“天窗”时间作业。

表3-3 电力线路检修时的安全距离 m

带电导线电压	检修的线路	邻近、交叉的其他线路
1kV及以下	0.2	0.2
10kV及以下	0.7	1.0
35kV及以下	1.0	2.5
66kV及以下	1.5	3.0

在发、变、配电所内检修时，必须停电的设备如下：

① 检修的设备；

② 工作人员的正常活动范围与带电设备之间的安全距离小于表3-2规定的设备；

③ 带电部分在工作人员后面或两侧，且无可靠安全措施的设备。

停电检修时，必须把各方面的电源完全断开（运用中的星形接线设备的中性线，应视为带电设备）。断开断路器、隔离开关的操作电（能）源。断路器、隔离开关的操作机构必须加锁。检查柱上断路器“分、合”指示器。禁止在只经断路器断开电源的设备上工作，必须拉开隔离开关，使各方面至少有一个明显的断开点。与停电设备有关的变压器和电压互感器，还必须从低压侧断开，防止向停电设备反送电。

对于低压停电作业，应从各方面断开电源，将配电箱加锁。没有配电箱时应取下熔断器。在多回路的设备上进行部分停电作业时，应核对停电的回路与检修的设备，严防误停电或停电不彻底。

二、检电

检电工作应在停电以后进行。检电时应使用电压等级合适的检电器，并先在其他带电设备上试验，确认良好后进行。

变、配电设备的检电工作，应在所有断开的线端进行。对断路器或隔离开关应在进出线上进行。电力线路的检电应逐相进行。同杆架设的多层电力线路，应先验低压，后验高压，先验下层，后验上层。对架空线路局部作业，应在工作区段两端装接地线处进行。对低压设备的检电，除使用检电笔外，还可使用携带式电压表进行。用电压表检电时，应在各相之间及每相对地之间进行检验。

高压检电必须戴绝缘手套，并有专人监护，如在室内高压设备上检电，还需穿绝缘靴或站在绝缘台上。

三、接地封线

架空线路停电作业时，经检明无电后，应立即将已接地的接地线对已停电的设备进行三相短路封线。

室内高压设备应在适当位置上设固定接线端子及接地线，以备停电检修时需要。接地线的数量、号码应登记注册，交接班时注意交接。

在线路上装设接地线所用的接地棒（接地极）应打入地下，其深度不得少于0.6m。

接地线应用多股软铜线和专用线夹固定在导线上。导线截面积应符合短路电流要求，但不得小于25mm^2。使用前应经过详细检查，损坏的接地线应及时修理或更换。严禁使用其他导线代替。禁止使用缠绕的方法进行接地或短路封线。

装设接地线应接触良好，必须先接接地端，后接导体端。同杆架设的多层电力线路同时挂接地线时，应先挂低压后挂高压，先挂下层后挂上层。拆除接地线的顺序与此相反。在导线上装拆接地线时，应使用绝缘棒并戴绝缘手套。

四、设置标示牌及防护物

标示牌分为“警告类”、“禁止类”、“准许类”、“提醒类”等。各种标示牌式样见相关规定。严禁工作人员未经许可擅自移动或拆除临时遮栏和标示牌。

第四节 配电运行和维护

一、值班

配电值班员和值班负责人应具有一定专业知识和实际工作经验，熟悉电气设备性能和供电系统情况，掌握操作技术，并有处理事故的能力。配电值班人员每班不少于两人。

在变配电所进行停电检修或工程施工时，值班人员应负责完成有关安全措施，并向工作执行人指出停电范围和带电设备位置。

二、巡视工作

发、变、配电所的配电值班人员及其他有关人员可以单独巡视高压设备，清扫通道，但不得移开或进入常设遮栏内。如需进入时，应有人监护，并与高压带电体之间保持不小于表一规定的安全距离。

雷、雨天气巡视室外高压设备时，应穿绝缘靴，但不得靠近避雷器和避雷针。

当所内高压设备发生接地故障时，工作人员不得接近故障点4m以内，在室外不得接近故障点8m以内。如需进入上述范围或操作开关时，必须有绝缘通道（绝缘台）或穿绝缘靴，接触设备的外壳和构架时，应戴绝缘手套。

巡视电线路时，可由有实际工作经验的电力工单独进行。对未经技术安全考试合格的人员不得单独巡线。

昼间巡线可以登杆更换灯泡和插入式保险，拧紧最下部低压横担螺帽等，夜间巡线和登杆更换灯泡、保险丝，必须两人进行。巡线时应沿着线路的外侧进行，以免触及断落的导线。夜间不应攀登灯塔（桥）进行作业。遇有雷雨、大风、冰雪、洪水及事故后的特殊巡视，应由两个人一同进行。

三、倒闸作业

倒闸作业票应根据工作票或调度命令由操作人填写，由工长或监护人签发。每张倒闸作业票只能填写一个操作任务。

停电操作必须按照断路器、负荷侧隔离开关、电源侧隔离开关顺序操作。送电操作顺序与此相反。

在发生人身触电时，可不经许可立即断开有关断路器和隔离开关。在未拉开有关开关和做好安全措施以前，抢救人员不得直接触及带电设备和触电人员，不得进入遮栏。

第五节　架空和电缆线路

一、登杆作业

登杆前应检查和作好下列准备工作。

① 确认作业范围，防止误登带电杆塔。

② 新立电杆回填土应夯实。

③ 冲刷、起土、上拔和导线、拉线松弛的电杆应采取安全措施。

④ 木电杆根部腐朽不得超过根径的20%以上。

⑤ 杆塔脚钉应完整、牢固。

⑥ 登杆工具、安全腰带、安全帽应完好合格。

⑦ 使用梯子时要有人扶持和采取防滑措施。

杆上作业应遵守下列规定。

① 工作人员必须系好安全腰带。作业时安全腰带应系在电杆或牢固的构架上。

② 转角杆不宜从内角侧上下电杆。正在紧线时不应从紧线侧上下电杆。

③ 检查横担腐朽、锈蚀情况，严禁攀登腐朽、锈蚀超限的横担。

④ 杆上作业所用工具、材料应装在工具袋内，用绳子传递。严禁上下抛扔工具和材料。地上人员应离开作业电杆安全距离以外，杆上、地上人员均应戴安全帽。

二、邻近带电作业

在带电线路杆塔上工作，应遵守下列规定。

① 在带电杆塔上刷油，除鸟巢，紧杆塔螺丝，查看金具、瓷瓶更换外灯保险和灯泡等作业人员活动范围及其所携带工具、材料等，与带电导线间的最小安全距离不得小于表3-3的规定。

② 在电力线路上作业时，不得同时触及同杆架设的两条及以上带电低压线路。

③ 工作人员使用安全腰带，风力不大于五级，并有专人监护。

停电检修线路与其他带电线路交叉时，应遵守下列规定。

① 工作人员的活动范围与另一回带电线路间的最小安全距离不得小于表3-3的规定，否则另一回线亦应停电并接地。

② 停电检修线路与另一回带电线路的距离虽大于安全距离，如果作业过程中仍有可能接近带电导线在安全距离以内时，作业导线、绞车或牵引工具必须接地。

③ 在交叉档撤线、架线、调整弛度只有停电线路在带电线路下面时才能进行。但必须采取防止导线跳动、滑跑或过牵引而与带电导线接近的措施。

④ 停电检修线路在另一回带电线路上面，而又必须在该线路不停电的情况下进行调整

弛度、更换瓷瓶等工作时，必须使检修线路导线、牵引绳索等与带电线路导线之间有足够的安全距离、并采取防止导线脱落、滑跑的后备保护措施。

⑤ 停电检修线路走廊或径路附近与另一回杆塔结构相同的线路平行接近时，各杆塔下面作好标志，设专人监护，以防误登杆塔。

在同杆架设的多回线路上进行邻近带电作业时，应按下列规定进行。

① 工作人员在作业过程中与带电导线间的最小安全距离不得小于表 3-3 的规定。

② 登杆和作业时每基杆塔都应设专人监护，风力应在五级以下。严禁在杆塔上卷绑线。

③ 应使用绝缘绳传递工具、材料。如上层线路停电作业时，在传递过程中要有防止工具、材料构成下层导线短路的措施。

④ 下层线路带电，上层线路停电作业时，不准进行撤线和架线工作。

⑤ 当穿越带电的低压联络线对已停电的自动闭塞高压导线进行作业时，填用停电作业工作票，但在应采取措施栏内，注明穿越低压带电导线和符合本章第四节低压带电作业条件的安全措施。

在合架于接触网支柱上的低压电力线上工作时，应遵守下列规定：

① 电力线路检修时，应充分利用接触网检修“天窗”，必要时可办理接触网停电手续；

② 在接触网带电的情况下进行电力线路检修时，工作人员的活动范围与接触网之间的安全距离不小于 1m；

③ 应在电力线路作业区段两端加挂接地封线。

三、砍伐树木

在线路带电情况下，砍伐靠近导线的树木时，工作负责人应向工作人员说明线路有电。工作人员不得使树木和绳索接触导线。

上树砍剪树枝时，工作人员不应攀抓脆弱和枯死的树枝，应站在坚固的树干上，系好安全带，面对线路方向，并应保持表 3-3 的安全距离。

为防止树木（枝）倒落在导线上，应用绳索将被砍剪的树枝拉向与导线相反的方向。绳索应有足够的长度和强度，砍剪树枝应有专人防护，防止打伤行人。树枝接触高压带电导线时，严禁用手直接去取。

四、电缆作业

在靠近电缆挖沟或挖掘已设电缆当深度挖到 0.4m 时，只许使用铁锹。冬季作业如需烘烤冻结的土层时，烘烤处，与电缆之间的土层厚度：一般黏土不应小于 0.1m；砂土不应小于 0.2m。在邻近交通地点挖沟时，应设置防护。挖掘中如发现煤气、油管泄漏时，应采取堵漏措施，并严禁烟火，同时迅速报告有关部门处理。

电缆的移设、撤换及接头盒的移动，一般应停电及放电后进行。如带电移动时，应先调查该电缆的历史记录，由敷设电缆有经验的人员，在专人统一指挥下平行移动，防止损伤绝缘和短路。尽量避免在寒冷季节移设电缆。

高压电缆停电检修时，首先详细核对电缆回线名称和标示牌是否与工作票所写的相符，然后从各方面断开电源，在电缆封端处进行检电及设置临时接地线时，在断开电源处悬挂“禁止合闸，有人工作!”的标示牌。

锯高压电缆前，必须与电缆图纸核对无误，并验明电缆无电压后，用接地的带木柄的铁钎钉入电缆芯后方可工作。扶木柄的人应戴绝缘手套，并站在绝缘垫上。

进电缆井前应排除井内浊气。在电缆井内工作，应戴安全帽和口罩。并做好防火和防止物体坠落，电缆井应有专人看守。

制作环氧树脂电缆头和调配环氧树脂过程中，应采取有效的防毒和防火措施。

案例 3-7

爬错电杆致电力工触电从杆上摔下瘫痪

（一）事故概况

某电力工在10kV电力线路作业前，因爬错邻近未停电的10kV电力线路电杆，遭电击后从杆上摔下导致瘫痪。

（二）原因分析

该次作业是有工作票的，停电、检电及接地封线等工作均无懈可击，但是为什么会发生人身触电高空坠落事故呢？原因主要有：

① 工作执行人违反部令中其责任的第二条："向工作组成员正确布置工作，说明停电区段和带电设备的具体位置"的规定；违反其责任的第三条："监护工作组员的安全，检查工作质量．按时完成任务"的规定。

② 工作监护人违反部令中其责任的第一条："在现场不断监护工作人员的安全"的规定；违反部令中的第三条："发现危及人身安全的情况时，应立即采取措施，坚决制止继续作业"的规定。

③ 某电力工对自己管内的设备不熟悉，虽然知道自己所担当的任务是清扫绝缘子，但接到检修的指令后，却爬上了附近有电的10kV地方电力线路，造成自己触电高空坠落。这次事故，工作执行人没有向工作组成员讲清楚附近有地方的10kV电力线路，没有尽到监护工作组员安全的职责。工作监护人工作严重疏漏，在现场没有不断监护工作人员的安全，没有发现某电力工爬上了邻近电力线路。

（三）措施

在电力线路有两条或两条以上线路，特别是有地方或铁路电压等级相同的电力线路，距离又较近（如目前的电力贯通线路与自闭电力线路同为10kV，看起来很相似）时，在布置安全措施时，应指明并强调附近有电的电力线路，特别是在上电杆前，应一人不漏的进行监护。这样，可防止误上电杆的事故发生。工作组成员既要明确自己所担当的工作，按时完成任务，在工作中遵章守纪，严格执行安全措施；更重要的是，在工作执行人布置工作时，应认真听讲，弄清楚哪些是停电检修设备，哪些是有电设备，只有这样，才能防止类似事故的发生。

案例 3-8

严重简化作业，造成职工触电死亡事故

（一）事故概况

某电力工区在区间检修电力线路时，为了抢时间，赶进度，未经检电和接地封线这两项关键的步骤便开始工作，在工作时，电力工区工长包办了工作执行人的任务，并临时指定1名工人担当工作许可人。又约定时间送电，造成正在线路上作业的电力工触电死亡。

（二）原因分析

该电力工区在电力线路停电作业时，只要效率，不要安全，擅自将停电作业时保证安全的停电、检电、接地封线、设置标示牌和防护物四大技术措施简化，特别是将检电和接地封线简化。作业前，没有按照规定指定工作许可人，而自己却包办代替了工作执行人；在送电时预约送电，严重违反了部令中的有关规定，是造成这次人身事故的原因。

（三）措施

在电力线路上工作，不仅要有保证安全工作的组织措施，而且要一丝不苟地执行保证安全的技术措施。

① 停电、检电、接地封线、设置标示牌及防护物等安全措施不得进行简化。

② 工作票签发人不能兼任工作执行人；工作领导人、工作执行人均不能兼任工作许可人。

③ 工作许可人应由能独立工作、熟悉设备和有一定工作经验的人员担任，不得临时指定不符合条件的人员担任。

④ 严禁预约送电。因为预约送电时，一旦作业还没有结束，在接地封线没有做或没有做好的情况下，造成人身伤害是不可避免的。

案例 3-9

拖拉机撞断拉线致杆子折断电力工摔下死亡

（一）事故概况

某电力工区在某站场配合站场改造迁移电力杆。正在作业过程中，过来一辆拖拉机，撞、拉电力杆拉线，由于站场人多、车多比较混乱，拖拉机将拉线及杆子撞、拉断，电力工从杆子上摔下死亡，构成人身死亡事故。

（二）原因分析

由于监护不到位，加之站场人多、车多比较混乱造成。工作执行人违反部令其责任中的第三条："监护工作组员的安全……"，没有尽到监护责任。工作监护人在现场履行监护责任时，没有做到不断监护，没有发现拖拉机撞、拉拉线危及人身安全的紧急情况。

（三）措施

在站场的大型施工中，由于站场施工单位较多、施工人员多、车辆及机械多，特别要做好监护工作。做好监护工作，应各尽其责。工作执行人在布置工作时，应充分考虑现场人多、车多的复杂情况；做到布置安全工作无漏洞。对关键部位和处所，如站场拉线处，应安排重点监护。监护人除应在现场不断监护工作人员的安全外，在发现危及人身安全的情况时，应立即采取措施，坚决制止继续作业。

案例 3-10

清扫配电室设备两相短路人员电伤

（一）事故概况

某分局安全检查组在检查到某电力配电室时，发现设备长期没有检修维护，设备外观十分脏污，蜘蛛网从配电盘后的设备处连接到墙上，随即要求某电力工区尽快进行处理。某电力工区接到通知后，派了 1 名电力工前去清扫处理。电力工手持 1 把毛刷，没有清扫两下便造成两相短路，将该电力工手部烧伤。

（二）原因分析

在配电室清扫盘后的一次设备时，毛刷铁皮部分没有用绝缘胶带包扎，由于设备三相之间距离较近，毛刷铁皮处将两相短接，电弧将工作人员手部烧伤。该次作业没有监护人。

（三）措施

在配电室低压设备上带电作业时应按照部令规定“工作人员必须穿紧口干燥的工作服、绝缘靴，戴工作帽和干燥整洁的线手套”。禁止使用金属类工具，如刀子、锉刀、金属尺等。用带有金属部分的毛刷刷拭设备前，应用绝缘胶带将毛刷金属部分进行有效包扎，防止类似事故发生。

案例 3-11

违反保证安全工作的组织措施和技术措施，电力工触电死亡

（一）事故概况

某工程队电力工，在车站加固变压器台时，低压电源倒送，致电力工触电死亡。

（二）原因分析

某电力工在车站变压器台加固工作前，未与有关单位办理停电送电工作票手续，在变压器二次侧未做接地封线，造成低压电源倒送到变压器上酿成这次事故。按照部令对照，这次事故违章之处在于：

① 违反保证安全工作的组织措施，在变压器台上作业时未与有关单位办理工作票手续，未严格执行工作票制度。

② 违反保证安全工作的技术措施，即部令第三章第一节关于停电的有关规定第二条：“断开有可能将低压电反送到高压侧的开关”的规定。

③ 违反接地封线条目中关于“有可能反送电到作业线路的分歧线和有关开关，必须做短封线”的规定。

（三）措施

① 严格保证安全的组织措施，停电作业应按照部令规定开具工作票。

② 严格保证安全的技术措施，在设备停电时，应断开有可能将低压电反送到高压侧的所有开关；对于有可能反送电到作业线路、设备上的分歧线和有关开关，应认真做好短封线，以防反送电酿成人身事故。

案例 3-12

耐张杆折断造成电力工 1 人死亡 2 人受伤

（一）事故概况

某电力工区新立耐张杆 1 根，杆上两人进行紧线工作，后杆子突然折断，将杆上的两名电力工 1 人摔死、1 人摔伤，并砸伤地面工作人员 1 人。

（二）原因分析

① 执行电力停电作业工作票不规范，没有按照有关规定，将工作票提前一天交给工

区，而是在作业前两小时交给工区。

② 作业中简化程序未按照有关工艺和标准进行施工：电杆根部未放置底板，致在紧线过程中电杆倾斜，违反了《全国通用建筑标准设计》图 86D1731GD 型规定；在耐张杆导线拆除前，应在前方第一根杆靠耐张杆侧设置拉线，而该次作业没有设置拉线，简化了作业程序；制作拉线时没有进行精确计算、下料，使制作的拉线过长，导致返工；在调整耐张杆拉线和正杆时，杆上的两名电力工没有下杆．严重违反了正杆作业的一般规定。

③ 盲目使用锈蚀缺油的钢丝绳代替拉线正杆。

④ 客观上，耐张杆内部也有缺陷，杆内 13 根纵筋分布不均，受力处缺纵筋 1 根，断裂处水泥松散，砂石、水泥比例失调，强度下降。

（三）措施

① 严肃执行工作票制度，按照有关规定时间将工作票交付。

② 作业中，禁止简化作业，特别是电杆的埋入部分，应按规定放置底板。在作业中严格按照有关工艺标准进行施工。

③ 在耐张杆上作业前，应检查拉线材质、截面积符合有关标准，状态良好。制作拉线时，认真测量，精确计算。

④ 因故取掉拉线前，杆上作业人员应下杆，防止线索张力将杆拉断造成人员伤亡。

⑤ 材料部门在采购电杆时，应采购国家正规生产厂家产品；作为耐张杆使用时，应对耐张杆的混凝土部分进行必要的检查，对两端漏出部分钢筋布置情况进行检查，防止不合格产品被使用。

案例 3-13

低压线路作业，高空坠落导致人员轻伤

（一）事故概况

某电力工在某车站与接触网同杆合架的低压线路上作业时，从杆上高坠，导致某电力工右脚扭伤。

（二）原因分析

这次人身轻伤事故发生在作业已经完了，某电力工从杆上下来的过程中，本人手抓杆子空档处水泥断裂，从 4m 多高空处高坠。工作监护人马虎大意，认为作业已经结束，不会发生事故，而事故在此时发生了。

（三）措施

作业已经结束发生人身事故已不止一次。作为监护人，在工作人员没有下杆前，都应进行认真监护，不得中断对工作人员的监护。作为电力工，工作已经结束，在下杆时不可麻痹大意，手要抓牢，脚要登稳；对手所抓之物，应进行抓前观察，防止所抓之物不够牢固而发生高坠事故。

案例 3-14

电力线路送电通知未传达造成其他作业人员 3 人死亡 2 人受伤

（一）事故概况

某电化工程段在某编组站进行接触网施工，后来有蒸汽调车机车通过作业区段，工作

领导人指挥将车梯（接触网作业用）抬下。此时触及接触网旁的新架的10kV电力线路，致车梯上2人触电死亡，地面抬车梯1人触电后送到医院后死亡，2人手被电伤，

（二）原因分析

接触网旁10kV电力线路是新架设的，现场作业人员认为没有送电，因为接触网作业人员在此作业时，看着电力部门新架线路。但为什么电力线路上会有电呢？经过认真调查，原来是电力部门给新线送上电前，曾书面通知该铁路接触网施工单位负责人。铁路负责人因为工作忙而未及时通知在此附近作业的接触网人员导致。该负责人后被追究刑事责任。

（三）措施

这次事故虽然没有造成电力人员的伤害，但却是电力线路导致。

① 作为电力工作人员应吸取的教训是：在接到地方或铁路某设备送电的通知后，应及时将通知内容传达到有关工区及人员，使之在作业中采取措施，防止人身触电事故的发生。

② 对电力线路旁的其他铁路或地方电力线路，无论知道其有电还是没有电，都应按照有电对待，在工作中保持规定的安全距离。

案例 3-15

操作人触及低压电力线路触电死亡

（一）事故概况

某接触网工在某车站作业完了下杆时，其安全带上所挂管钳轻轻一晃卡入同杆架设的380V电力线路，致其触电死亡。

（二）原因分析

该电力线路架设在接触网支柱外侧，离支柱最近为A相，约600mm。该接触网工下杆时。背后安全带上挂有一小管钳，晃动后管钳口正好嵌入A相导线，致其触电死亡。

（三）措施

触电死亡者虽然非电力工，但属于铁路职工；电力线路利用接触网同杆合架，造成接触网工的死亡是痛心疾首的。电力部门也应从中吸取一些教训，尽量不搞同杆合架，若因故同杆合架时，应采用绝缘线或将接触网支柱处的电力线进行绝缘包扎，这样，可减少或避免接触网工触电，对人身安全是有好处的；同杆架设电线路应停电。

案例 3-16

手势信号造成工作人员死亡事故

（一）事故概况

某段检修高压自闭线路时，3名电力工检修完了给工长发“检修完毕”的手势信号，同时电力工认为工长也发出了“检修完毕”的手势信号，因而盲目送电，造成正在检修的工长触电死亡。

（二）原因分析

这次事故属于没有执行工作票制度，预约送电造成人员死亡。

（三）措施

手势信号送了工长的命，事故的教训是深刻的。在工作中．应严格执行倒闸操作票制度、工作票制度；严禁采用手势信号及远距离喊叫送电。为防止电力线路上还有工作人员，应实行点名制度。工作人员不齐不准合闸送电。

案例 3-17

带地线合闸造成设备事故

（一）事故概况

某变电所在做预防性试验时，在电源线和馈出线处均挂有接地线。试验完了送电时，漏拆一组接地线，送电后造成三相短路，烧坏高压线路 300m，车站全部停电 14h，损失人民币 5.8 万元。

（二）原因分析

① 未执行操作票和工作票制度，工作前，未填写工作票及记录接地线组数。

② 在工作完了拆除接地线时，未详细检查而漏拆了一组临时接地线。

（三）措施

严格执行工作票制度，认真填写、记录接地线组数、编号及所挂位置；工作完了，应按照工作票中填写的位置拆除接地线，并应认真核对组数与编号。只有当工作票中所记录的地线全部拆除后，才可按照有关规定送电。

第四章　牵引变电所安全工作规程

为确保人身、行车和设备安全，在牵引变电所（包括开闭所、分区所、AT所、分相所）的运行和检修工作中，必须遵守本规程。牵引变电所带电设备的一切作业，均必须按本规程的规定严格执行。

各部门要经常进行安全技术教育，组织有关人员认真学习和熟悉本规程，不断提高安全技术水平，切实贯彻执行本规程的规定。

各铁路局应根据本规程规定的原则和要求，结合实际情况制定细则、办法，并报部核备。

第一节　总则及一般规定

大家知道，牵引变电所的电气设备自第一次受电开始即认定为带电设备，从事牵引变电所运行和检修工作的有关人员，必须实行安全等级制度，经过考试评定安全等级，取得安全合格证之后（安全合格证格式和安全等级的规定，分别见相关规定），方准参加牵引变电所运行和检修工作。从事牵引变电所运行和检修工作的人员，每年定期进行1次安全考试。属于下列情况的人员，要事先进行安全考试。

① 开始参加牵引变电所运行和检修工作的人员。

② 职务或工作单位变更时，仍从事牵引变电所运行和检修工作并需提高安全等级的人员。

③ 中断工作连续3个月以上仍继续担当牵引变电所运行和检修工作的人员。

外单位来所工作的人员，必须经过安全知识教育，并有相应记录。电气工作人员应学会触电急救等必要的紧急救护知识，具备必要的消防知识。

对违反本规程受处分的人员，必要时降低其安全等级，需要恢复原来的安全等级时，必须重新经过考试。未按规定参加安全考试和取得安全合格证的人员，必须经当班的值班员准许，在安全等级不低于二级的人员监护下，方可进入牵引变电所的高压设备区。

雷电时禁止在室外设备以及与其有电气连接的室内设备上作业。遇有雨、雪、雾、风（风力在五级及以上）的恶劣天气时，禁止进行带电作业。

高空作业（距离地面2m上）人员要系好安全带（安全带的试验标准见相关规定），戴好安全帽。在作业范围内的地面作业人员也必须戴好安全帽。高空作业时要使用专门的用具传递工具、零部件和材料等，不得抛掷传递。

案例 4-1

刘××触电伤害重伤事故

（一）事故概况

1997年6月25日上午，段工厂试验班在太要配电所调试设备，工长潘××安排刘××

等人调整潼铁电源电压互感器柜开关触头等工作，其他人按指派任务作业。中午13时10分作业完毕后，潘××与太要所工长朱××联系后，经车间调度同意，将潼铁电源送进所内，试验母联机构完好后，作业人员回去吃饭。下午14时，工长潘××把作业人员召集到配电所值班室，布置下午工作内容，由刘××、王××、赵××三人调整东贯通柜开关触头、潘××等按照分工进行作业，14时10分刘××、赵××在东贯通柜后检查开关触头，王××在柜前向柜内推手车柜，以便确认触头是否到位。王××推不进去，赵××从柜后去柜前帮助一起往柜内推。此时，刘××擅自离开作业设备进入上午作业过的潼铁电源电压互感器柜内，用手测量触头距离，导致高压触电，造成刘××右手臂触电烧伤，右手大拇指截去的人身重伤事故。

（二）原因分析

① 作业人员刘××安全意识不强，思想麻痹，自控能力差，擅自离开工长指定的作业设备，误入有电柜，是造成这次事故的主要原因。

② 车间施工组织者安全意识不强，施工组织不严密，作业安全预想不够，严重违反了电力安全规程1000号有关工作票制度，组织措施和技术措施规定，是造成这次事故的重要原因。

③ 车间干部包保到位未能发挥控制作用，导致现场失控，是造成这次事故的又一个因。

（三）措施

严格执行安全规程。作业使用的梯子要结实、轻便、稳固，并按相关规定进行试验。当用梯子作业时，梯子放置的位置要保证梯子各部分与带电部分之间保持足够的安全距离，且有专人扶梯。登梯前作业人员要先检查梯子是否牢靠，梯脚要放稳固，严防滑移；梯子上只能有一人作业。使用人字梯时，必须有限制开度的拉链。在牵引变电所内搬动梯子、长大工具、材料、部件时，要时刻注意与带电部分保持足够的安全距离。

使用携带型火炉或喷灯时，不得在带电的导线、设备以及充油设备附近点火。作业时其火焰与带电部分之间的距离：电压为10kV及以下者不得小于1.5m，电压为10kV以上者不得小于3m。

每个高压分间及室外每台隔离开关的锁均应有两把钥匙，由值班员保管1把，交接班时移交下一班；另1把放在控制室内固定的地点。各高压分间以及各隔离开关的钥匙均不得相互通用。当有权单独巡视设备的人员或工作票中规定的设备检修人员需要进入高压分间巡视或检修时，值班员可将其保管的高压分间的钥匙交给巡视人员或作业组的工作领导人，巡视结束和每日收工时值班员要及时收回钥匙，并将上述过程记入有关记录中。除上述情况，高压分间钥匙，不得交给其他人员保管或使用。

在全部或部分带电的盘上进行作业时，应将有作业的设备与运行设备以明显的标志隔开。

供电调度员下达的倒闸和作业命令除遇有危及人身及设备安全的紧急情况外，均必须有命令编号和批准时间；没有命令编号和批准时间的命令无效。

牵引变电所发生高压（对地电压为250V以上，下同）接地故障时，在切断电源之前，任何人与接地点的距离：室内不得小于4m；室外不得小于8m。必须进入上述范围内作业时，作业人员要穿绝缘靴，接触设备外壳和构架时要戴绝缘手套。作业人员进入电容器组围栅内或在电容器上工作时，要将电容器逐个放电并接地后方准作业。

远动区段遇有危及人身及设备安全的情况时，供电调度员可先行断开有关的断路器和隔离开关，再通知有关部门。

第二节 运行值班

牵引变电所值班员的安全等级不低于三级；助理值班员的安全等级不低于二级。

当班值班员不得签发工作票和参加检修工作；当班助理值班员可参加检修工作，但必须根据值班员的要求能随时退出检修组。助理值班员在值班期间受当班值班员的领导；当参加检修工作时，听从作业组工作领导人的指挥。

案例 4-2

××供电段××变电所苏××触电轻伤事故

（一）事故概况

××年××月××日，××供电段××变电所组织休班人员乘火车到所属分区亭进行设备清扫维护作业。当值班员办理工作票、做好安全措施后，工作领导人在工作票上签字时，高压室传出一声响，断路器跳闸。当人们赶到现场，发现苏×倒在×分间内设备旁的地面上，急忙将其送往医院救治。构成触电轻伤事故。

（二）原因分析

① 未执行标准化作业程序，严重违反《规程》规定，在未宣讲工作票、布置安全措施前，作业人员擅自进入高压分间。

② 班组管理混乱，人员随意拿钥匙打开分间且当日乘火车到分区亭作业，对所要进行作业的内容不熟悉，造成人员误入分间触电。

（三）措施

① 事先未对本次作业进行技术交底，人员对所要进行作业的设备不清楚。

② 人员放单，相互间未做到互控。

③ 认真学习《规程》及段标准化作业程序和标准。

④ 强化班组安全基础管理，提高自我安全防范意识。

一、巡视

有权单独巡视的人员是：牵引变电所值班员和工长；安全等级不低于四级的检修人员、技术人员和主管的领导干部。

值班员巡视时，要事先通知供电调度或助理值班员；其他人巡视时要经值班员同意。在巡视时不得进行其他工作。当 1 人单独巡视时，禁止移开、越过高压设备的防护栅或进入高压分间。如必须移开高压设备的防护栅或进入高压分间时，要与带电部分保持足够的安全距离，并要有安全等级不低于三级的人员在场监护。

在有雷、雨的情况下必须巡视室外高压设备时，要穿绝缘靴、戴安全帽，并不得靠近避雷针和避雷器。

无人值班所亭的巡视工作至少由两人进行，其安全等级分别不低于二级和三级。巡视人员应认真填写记录，记录一式两份，所内、巡视班组各存放一份。

二、倒闸

需供电调度下令倒闸的断路器和隔离开关，倒闸前要由值班员向供电调度提出申请，供电调度员审查后发布倒闸作业命令；值班员受令复诵，供电调度员确认无误后，方准给予命令编号和批准时间；每个倒闸命令，发令人和受令人双方均要填写倒闸操作命令记录。供电调度员对1个牵引变电所1次只能下达1个倒闸作业命令，即1个命令完成之前，不得发出另1个命令。对不需供电调度下令倒闸的断路器和隔离开关，倒闸完毕后要将倒闸的时间、原因和操作人、监护人的姓名记入值班日志或有关记录中。

倒闸作业必须由助理值班员操作，值班员监护。值班员在接到倒闸命令后，要立即进行倒闸。用手动操作时操作人和监护人均必须穿绝缘靴，戴安全帽，同时操作人还要戴绝缘手套（绝缘靴和绝缘手套的试验标准见相关规定）。隔离开关的倒闸操作要迅速准确，中途不得停留和发生冲击。

倒闸作业完成后，值班员立即向供电调度报告，供电调度员及时发布完成时间，至此倒闸作业结束。

编写操作卡片及倒闸表要遵守下列原则。

① 停电时的操作程序：先断开负荷侧后断开电源侧；先断开断路器后断开隔离开关。送电时，与上述操作程序相反。

② 隔离开关分闸时，先断开主闸刀后闭合接地闸刀；合闸时，与上述程序相反。

③ 禁止带负荷进行隔离开关的倒闸作业和在接地闸刀闭合的状态下强行闭合主闸刀。

与断路器并联的隔离开关，只有当断路器闭合时方可操作隔离开关。当回路中未装断路器时可用隔离开关进行下列操作。

① 开、合电压互感器和避雷器。

② 开、合母线和直接接在母线上的设备的电容电流。

③ 开、合变压器中性点的接地线（当中性点上接有消弧线圈时，只有在电力系统没有接地故障的情况下才可进行）。

④ 用室外三联隔离开关开、合10kV及以下、电流不超过15A的负荷。

⑤ 开、合电压10kV及以下、电流不超过70A的环路均衡电流。

在倒闸过程中，遇有无法完成的情况，值班员应立即向供电调度员报告。

需供电调度下令进行倒闸作业的断路器和隔离开关，遇有危及人身安全的紧急情况，值班人员可先行断开有关的断路器和隔离开关，再报告供电调度，但再合闸时必须有供电调度员的命令。

第三节 检修作业

电气设备的检修作业种类分为以下五种。

（1）高压设备停电作业　在停电的高压设备上进行的作业及在低压设备和二次回路上进行的需要高压设备停电的作业。

（2）高压设备带电作业　在带电的高压设备上进行的作业。

（3）高压设备远离带电部分的作业（简称远离带电部分的作业，下同）　当作业人员与高压设备带电部分之间保持规定的安全距离条件下，在高压设备上进行的作业。

（4）低压设备停电作业　在停电的低压设备上进行的作业。

（5）低压设备带电作业　在带电的低压设备上进行的作业。

工作票是在牵引变电所内进行作业的书面依据，填写要字迹清楚、正确，不得用铅笔书写。工作票要1式2份，1份交工作领导人，1份交牵引变电所值班员。值班员据此办理准许作业手续，做好安全措施。事故抢修、情况紧急时可不开工作票，但应向供电调度报告概况，听从供电调度的指挥；在作业前必须按规定做好安全措施，并将作业的时间、地点、内容、安全措施及批准人的姓名等记入值班日志中。

根据作业性质的不同，工作票又可分为三种：

① 第一种工作票（格式见相关规定），用于高压设备停电作业；

② 第二种工作票（格式见相关规定），用于高压设备带电作业；

③ 第三种工作票（格式见相关规定），用于远离带电部分的作业、低压设备上作业，以及在二次回路上进行的不需高压设备停电的作业。

第一种工作票的有效时间，以批准的检修期为限。若在规定的工作时间内作业不能完成，应在规定的结束时间前，根据工作领导人的请求，由值班员向供电调度办理延期手续。第二种、第三种工作票有效时间最长为1个工作日，不得延长。因作业时间较长，工作票污损影响继续使用时，应将该工作票重新填写。

发票人在工作前要尽早将工作票交给工作领导人和值班员，使之有足够的时间熟悉工作票中内容及做好准备工作。

工作领导人和值班员对工作票内容有不同意见时，要向发票人及时提出，经过认真分析，确认正确无误，方准作业。

工作票中规定的作业组成员，一般不应更换；若必须更换时，应经发票人同意，若发票人不在，可经工作领导人同意，但工作领导人更换时必须经发票人同意，并均要在工作票上签字。工作领导人应将作业组成员的变更情况及时通知值班员。1个作业组的工作领导人同时只能接受1张工作票。1张工作票只能发给1个作业组。同1张工作票的签发人和工作领导人不得由同1人担任。

案例 4-3

4·14东变电所全所停电故障分析报告

2008年4月14日12时34分，东变电所发生1＃系1011GK带负荷自动分闸，造成全所停电，12时56分由1＃系供1＃B恢复供电。中断小宋-东-西间上、下行供电22分。

（一）事故概况

12:34，东变电所1＃系1011进线GK自动分闸，全所停电（行调时间）。

12:42电调值班员接到在东变电所盯控预防性试验作业的车间安全员报告：1＃主变有异常声响，请求倒回路。

12:43电调值班员接东变电所值班员报告：1011GK自动打开了，101.201AB均合位，发“27.5KV断线”和“掉牌未复归”光字牌，其他无异常。

12:47电调值班员口令东变依次断开211.213.222.224.201AB、101DL。

12:47-12:50落实1＃系设备确无异常。其间，12:49口令完成。

12:51 电调口令东变合上1011GK。

12:53 长治地调电：东牵Ⅰ回线路跳闸，重合成功。

12:54 口令完成。

12:54 电调口令东变依次合上101.201ABDL。

12:55 口令完成。

12:55 电调口令东变依次合上211.213.222.224DL。

12:56 口令完成，由1＃系供1＃B恢复全所供电。

（二）原因分析

全所停电故障发生后，主管安全的段长、安全科长立即赶赴供电调度室了解故障情况信息，供电技术科主管变电和供电技术科、安调科主管人员立即赶赴现场，进行故障调查处理，经检查相关设备、问询现场作业人员、并对相关图纸进行认真分析认为：

(1) 造成1011GK带负荷突然分闸的直接原因是：变电车间在进行东变电所2＃系统设备小修、预防性试验联合作业（04－103＃工作票，作业内容：110kV场地、主控室、高压室：102.202ABDL、1002.1022GK、2YH、2.4.6.8LH、2.4.6.8BL、2＃B及二次穿墙套管，隔开端子箱、102.2YH、2＃B、202A、B端子箱小修预试清扫维护及2＃B保护盘、备投保护盘继电器校验）过程中，作业人员在对备投保护盘1GKT继电器进行清扫时，误将1GKT常开接点瞬时闭合，使闭锁关系产生变化，导通1011GK分闸回路，造成1011GK带负荷突然分闸，全所停电。

具体分析如图所示：（图4-1为1011GK分闸控制回路，图4-2为1DL扩展接点回路）

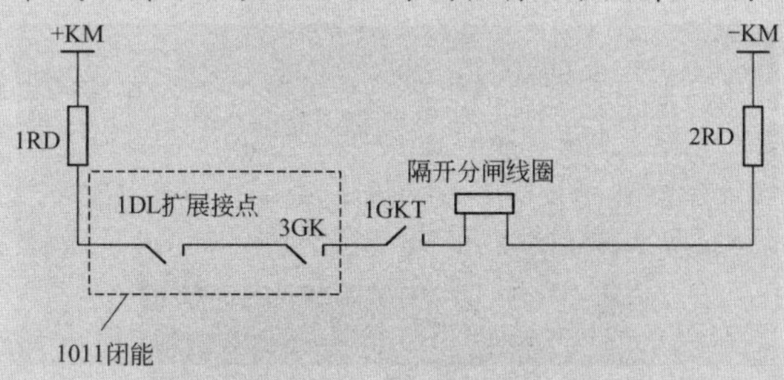

图4-1　1011GK分闸控制回路

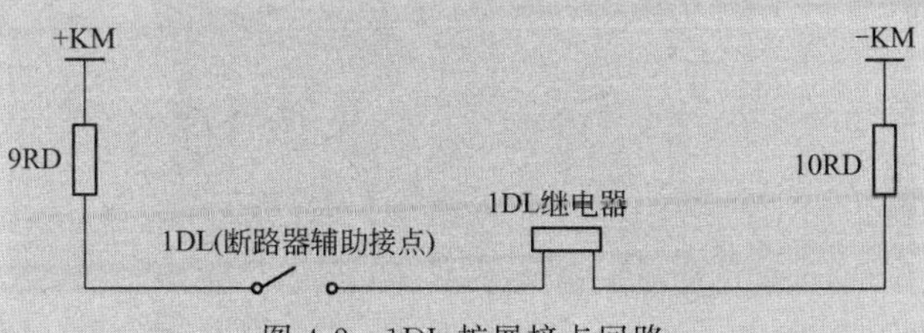

图4-2　1DL扩展接点回路

① 当日变电车间电器、试验组正在东变电所进行2＃系统设备小修、预防性试验联合作业（04－103＃工作票，作业内容：110kV场地、主控室、高压室：102.202ABDL、1002.1023.1022GK、2YH、2.4.6.8LH、2.4.6.8BL、2＃B及二次穿墙套管，隔开端子箱、102.2YH、2＃B、202A、B端子箱小修预试清扫维护及2＃B保护盘、备投保护盘继电器校验）。其安全措施中9.10RD断开，1DL扩展继电器线圈失电，其常闭接点闭合。

② 作业期间，跨条隔离开关（3GK）处于分位，其常闭接点闭合。

③ 当作业人员对备投保护盘 1GKT 继电器清扫时，将 1GKT 常开接点瞬时闭合。

由此，1011GK 分闸回路导通条件全部具备，1011GK 分闸线圈受电，使 1011GK 带负荷突然分闸，造成全所停电。

（2）在故障调查中，通过对相关图纸的认真分析，一方面查明了 1011GK 带负荷突然分闸的原因，另一方面也发现东田良变电所相关设备间的闭锁关系，存在一些不可靠因素。

在 1011GK 分闸回路串有 1DL 扩展接点（该扩展接点在备投保护盘上），使 1011GK 与 101DL 间闭锁变得不可靠，也造成 1011GK 闭锁回路与备投保护盘间不可靠。如果正常运行时，熔断器熔断或正常检修需要取下时，都可能引起 1011GK 误分闸。

（三）措施

① 变电车间对段关于变电所预防性试验及小修的规定要求不落实。执行的 04－103＃工作票，作业范围大、涉及设备多、配备人员少，且工作领导人配备错误，应由车间主任级或安全、技术员担当，对现场作业安全监控不力。

② 变电车间在管理人员分工方面存在一定问题，将长时间从事材料管理的人员，安排去负责盯控作业现场。

③ 职工业务素质不高，对设备不熟悉。对东变电所设备不同于其他所的情况，思想上认识不足，作业前未认真核对相关图纸，对作业中可能引起设备跳闸的情况不了解。

④ 职工责任意识、安全意识不强。作业前未进行充分的事故预想，对可能出现的异常情况，没有应对措施。

⑤ 故障发生后，不及时向段、电调报告现场故障信息，有隐瞒故障情况行为，延误了恢复供电时间，使故障影响范围扩大。

⑥ 供电调度室当班调度员对段关于变电所预防性试验及小修的有关规定学习不够，在执行中把关不严。事故设备图如图 4-3～图 4-5。

图 4-3 保护盘

图 4-4 隔离设备

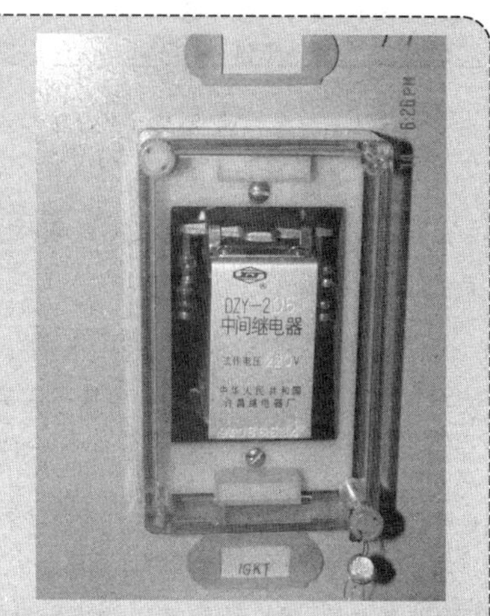

图 4-5 故障继电器

一、作业人员的职责

工作票签发人签发工作票时要做到：

① 安排的作业项目是必要和可能的；

② 采取的安全措施是正确和完备的；

③ 配备的工作领导人和作业组成员的人数和条件符合规定。

表 4-1 是这次事故的现场作业时的工作票。

表 4-1 牵引变电所第一种工作票（第 1 页）

东 所（亭） 第 04—103 号

作业地点及内容	110kV 场地、主控室、高压室、102.202A、BDL、1002.1023.1029GK、2YH、2.4.6.8LH、2＃B 及二次穿墙套管、GK 端子箱、102.2YH、2＃B、202A、B 端子箱小修、预试、清扫、维护、及 2＃B 保护屏、备投屏校验			
工作票有效期	自××××年×月 12 日 10 时 00 分至××××年×月 15 日 18 时 00 分止			
工作领导人	姓名：王× 安全等级：4			
作业组成员姓名及安全等级（安全等级填在括号内）	×(4)	×(3)	/( )	/( )
	×(4)	/( )	/( )	/( )
	×(4)	/( )	/( )	/( )
	×(4)	/( )	/( )	/( )
	共计 6 人			

续表

<table>
<tr>
<td>必须采取的安全措施(本栏由发票人填写)
1. 断开的断路器和隔离开关:
断开 102DL、1021.1002.1029GK、断拉 202A、B 开关小车拉出分间并锁闭分间,拉开 1001.1022.1023GK 并加锁
2. 安装接地线的位置:在 1021GK 靠 2#B 侧挂一组 3 根、1023GK 靠 2YH 侧挂一组 3 根、1002GK 靠 1001GK 侧挂一组 3 根、2#B 二次靠穿墙套管侧挂一组 2 根、1029 GK 靠 2#B 侧挂一组 1 根共计五组 12 根,将 2YH 二次短封接地
3. 装设防护栅、悬挂标示牌的位置:在 102.202AB、1021.1029"WK"手柄上及 1023.1022.1001GK 操作手柄上各挂一块"禁合"牌、共计九块,室外作业场地、高压室作业场地各设置一根防护绳,并面向场外悬挂"止步!高压危险"警示牌两块,主控室备投屏、2#保护屏悬挂两块"在此工作"标示牌
4. 注意作业地点附近有点的设备是:110kV 场地、1001GK 靠 1#系统侧、1021GK 靠近线侧、及 1#系、高压室 27.5kV 母线及 202A 相邻的 2822B 分间、202B 相邻的 231 分间、控制室 2#B 保护屏相邻的并补屏、1#B 保护屏
5. 其他安全措施:拔下 2#B 控制屏上 1.2.3.4.5.6.7.8.9.10.11.12RD、备投屏上 5.6.7.8.9.10.11.12RD、甩掉 2#B 保护屏上 1.2YBM、ZDM、KDM、FM、YMa、YMb、YMc、SYM、YXM 并用绝缘胶布包好、打开备投屏上 1～12 连片、断开 1002GK±KM、±XM、断开 2YH 端子箱内 ZK、断开 2#B 通风电源、1029GK 合开一次、断开 102.202AB、1021.1002.1029GK 电机电源、指定检修、安全监护人员,先检修、后试验</td>
<td>已经完成的安全措施
(本栏由值班员填写)
1. 已确认断开,102DL、1021.1002.1029GK、断拉 202AB 开关小车拉出分间并锁闭分间、拉开 1001.1022.1023GK 并加锁
2. 已确认安装,接地线号码:
3. 4.3#一组 7.1.9#一组 2.6.8#一组 11.12#一组 10#一组共五组
4. 已明确,确认:□
5. 已做好,确认:□
值班员 常× (签字)</td>
</tr>
<tr>
<td colspan="2">发票日期××××年×月 11 日　发票人:许××(签字)
根据供电调度员的第 57518 号命令准予在××××年×月 12 日 14 时 15 分开始工作。××××年×月 15 日 18 时 00 分结束工作　　值班员:常× (签字)
经检查安全措施已做好,实际于××××年×月 12 日 15 时 30 分开始工作。工作领导人: 王× (签字)
变更作业组成员记录:由于工作需要 15:40 张×撤出作业组,增加李×
发　票　人:许× (签字)
工作领导人:王× (签字)
经供电调度员 / 同意工作时间延长到 / 年/月/日/时/分。
值　班　员:/ (签字)
工作领导人:/ (签字)
工作已于××××年×月 14 日 21 时 00 分全部结束。
工作领导人:王× (签字)
接地线共五组和临时防护栅、标示牌已拆除,并恢复了常设防护栅和标示牌,工作票于××××年×月 14 日 21 时 40 分结束。
值班员:常× (签字)</td>
</tr>
</table>

（1）工作领导人要做好下列事项。

① 作业范围、时间、作业组成员等符合工作票要求。

② 复查值班员所做的安全措施，要符合规定要求。

③ 时刻在场监督作业组成员的作业安全，如果必须短时离开作业地点时，要指定临时代理人，否则停止作业，并将人员和机具撤至安全地带。

（2）值班员要做好下列工作。

① 复查工作票中必须采取的安全措施符合规定要求。

② 经复查无误后，向供电调度（或用电主管单位）申请（或联系）停电或撤除重合闸。

③ 按照有关规定和工作票的要求做好安全措施，办理准许作业手续。

作业组成员服从工作领导人的安排，要确认各自的职责。对不安全和有疑问的命令要果断及时地提出意见。

发票时在“断开的断路器和隔离开关”栏内，须将作业前所有将要断开的断路器（包括已断开和未断开）和隔离开关按编号全部填写清楚。值班员填写工作票时认真核对已经断开的断路器和隔离开关全部编号，在“已经断开的断路器和隔离开关”栏内，打对钩确认完成。

在无人所亭作业的检修班组应设足够的倒闸操作人员、监护人及工作票发票人。工作领导人、发票人、倒闸操作人应分别担任。

检修计划由检修班组向电调提报，并报倒闸监护人、操作人、工作领导人姓名。作业时，上述人员原则上不得更换人员，如遇特殊情况必须更换时，必须得到电调同意。

由监护人向电调申请要令，并由监护人、操作人进行必要的倒闸作业及办理安全措施，由工作领导人进行复查安全措施无问题后方可作业。

作业完成后，由监护人确认安全防护措施正确恢复后向电调消令，执行电调下达的必要倒闸令。在未完成作业消令前，监护人、操作人不得离开作业的处所。

二、准许作业的规定

值班员在做好安全措施后，要到作业地点进行下列工作：

① 会同工作领导人按工作票的要求共同检查作业地点的安全措施。

② 向工作领导人指明准许作业的范围、接地线和旁路设备的位置、附近有电（停电作业时）或接地（直接带电作业时）的设备，以及其他有关注意事项。

③ 经工作领导人确认符合要求后，双方在两份工作票上签字后，工作票一份交工作领导人，另一份值班员留存，即可开始作业。

每次开工前，工作领导人要在作业地点向作业组全体成员宣讲（过去规程中是“读”）工作票，布置安全措施。

停电作业时，在消除命令之前，禁止向停电的设备上送电。在紧急情况下必须送电时要按相关规定办理。

三、安全监护

当进行电气设备的带电作业和远离带电部分的作业时，工作领导人主要是负责监护作业组成员的作业安全，不参加具体作业。当进行电气设备的停电作业时，工作领导人除监护作业组成员的作业安全外，在下列情况可以参加作业：

① 当全所停电时；

② 部分设备停电，距带电部分较远或有可靠的防护设施，作业组成员不致触及带电部分时。

牵引变电所工长和值班员要随时巡视作业地点，了解工作情况，发现不安全情况要及时提出，若属危及人身、行车、设备安全的紧急情况时，有权制止其作业，收回工作票，令其撤出作业地点；必须继续进行作业，要重新办理准许作业手续，并将中断作业的地点、时间和原因记入值班日志。

四、作业间断和结束工作票

作业全部完成时，由作业组负责清理作业地点，工作领导人会同值班员检查作业中涉及的所有设备，确认可以投入运行，工作领导人在工作票中填写结束时间并签字，然后值班员即可按下列程序结束作业。

① 拆除所有的接地线，点清其数目，并核对号码。

② 拆除临时防护栅和标示牌，恢复常设的防护栅和标志。

③ 必要时应测量设备状态。

在完成上述工作后，值班员在工作票中填写结束时间并签字，作业方告结束。

使用过的工作票由发票人和牵引变电所工长负责分别保管。工作票保存时间不少于 3 个月。

第四节 高压停电作业

一、停电范围

当进行停电作业时，设备的带电部分距作业人员小于表 4-2 规定者均须停电。

表 4-2 停电的标准

电压等级	无防护栅	有防护栅
55～110kV	1500mm	1000mm
27.5～35kV	1000mm	600mm
10kV 及以下	700mm	350mm

在二次回路上进行作业时，引起一次设备中断供电或影响安全运行的有关设备须停电。

对停电作业的设备，必须从可能来电的各方向切断电源，并有明显的断开点。运用中的星形接线设备中性点应视为带电部分。断路器和隔离开关断开后，及时断开其操作电源。

上下行并联的回流线，变压器 N 线，当一侧带电运行时，视为带电设备。

与停电设备有关的变压器和电压互感器，必须从高、低压两侧分别断开，防止向停电检修的设备送电。

二、验电接地

高压设备验电及装设或拆除接地线时，必须由助理值班员操作，值班员监护。操作人和监护人须穿绝缘靴、戴安全帽，操作人还要戴绝缘手套。验电前要将验电器在有电的设备上试验，确认良好方准使用。验电时，对被检验设备的所有引入、引出线均须检验。表示设备断开和允许进入间隔的信号以及常设的测量仪表显示无电时，不得作为设备无电压的根据；

若指示有电，则禁止在该设备上工作，应立即查明原因。

变电所全所停电时，在可能来电的各路进出线均要分别验电和装设接地线。部分停电时，若作业地点分布在电气上互不相连的几个部分时（如在以断路器或隔离开关分段的两段母线上作业），则各作业地点应分别验电接地。当变压器、电压互感器、断路器、室内配电装置单独停电作业时，应按下列要求执行。

① 变压器和电压互感器的高、低压侧以及变压器的中性点均要分别验电接地。

② 断路器进、出线侧要分别验电接地。

③ 母线两端均要装设接地线。

④ 在室内配电装置上，接地线应装在该装置导电部分的规定地点，这些地点的油漆应刮去并标出记号。配电装置的接地端子要与接地网相连通，其接地电阻须符合规定。

当验明设备确已停电，则要及时装设接地线。装设接地线的顺序是先接接地端，再将其另一端通过接地杆接在停电设备裸露的导电部分上（此时人体不得接触接地线）；拆除接地线时，其顺序与装设时相反。接地线须用专用的线夹，连接牢固，接触良好，严禁缠绕。

每组接地线均要编号并放在固定的地点。装设接地线时要做好记录，交接班时要将接地线的数目、号码和装设地点逐一交接清楚。接地线要采用截面积不小于 25mm^2 的裸铜软绞线或有透明保护层的铜软绞线，且不得有断股、散股和接头。

三、标示牌和防护栅

在工作票中填写的已经断开的所有断路器的隔离开关的操作手柄上，均要悬挂“有人工作，禁止合闸”的标示牌。若接触网和电线路上有人作业，要在有关断路器和隔离开关操作手柄上悬挂“有人工作，禁止合闸”的标示牌。

在结束作业之前，任何人不得拆除或移动防护栅和标示牌。

第五节 高压带电作业

带电作业按作业方式分为直接带电作业和间接带电作业：

直接带电作业：用绝缘工具将人体与接地体隔开，使人体与带电设备的电位相同，从而直接在带电设备上作业。

间接带电作业：借助绝缘工具，在带电设备上作业。

一、安全距离

间接带电作业时，作业人员（包括所持的非绝缘工具）与带电部分之间的距离，均不得小于表 4-3 中的规定。

表 4-3 距离的规定

电压等级	安全距离
110kV	1000mm
55kV	700mm
27.5～35kV	600mm
6～10kV	400mm

二、绝缘工具

带电作业用的绝缘工具材质的电气强度不得小于 3kV/cm；其有效绝缘长度不得小于表 4-4 中的规定。

表 4-4　有效绝缘长度的规定

电压等级	有效绝缘强度
110kV	1300mm
55kV	1000mm
27.5～35kV	900mm
6～10kV	700mm

第六节　其他作业

在确保人身安全和设备安全运行的条件下，允许有关的高压设备和二次回路不停电进行下列工作。

① 在测量、信号、控制和保护回路上进行较简单的作业。

② 改变继电保护装置的整定值，但不得进行该装置的调整试验，作业人员的安全等级不得低于三级。

③ 当电气设备有多重继电保护，经供电调度批准短时撤出部分保护装置时，在撤出运行的保护装置上作业。

在带电的电压互感器和电流互感器二次回路上作业时除按第 99 条执行外，还必须遵守下列规定。

(1) 电压互感器

① 注意防止发生短路或接地。作业时作业人员要戴手套，并使用绝缘工具，必要时作业前撤出有关的继电保护。

② 连接的临时负荷，在互感器与负荷设备之间必须有专用的刀闸和熔断器。

(2) 电流互感器

① 严禁将其二次侧开路。

② 短路其二次侧绕组时，必须使用短路片或短路线，并要连接牢固，接触良好，严禁用缠绕的方式进行短接。

(3) 作业时必须有专人监护　操作人必须使用绝缘工具并站在绝缘垫上。

当用外加电源检查电压互感器的二次回路时，在加电源之前须在电压互感器的周围设围栅，围栅上要悬挂“止步，高压危险！”的标示牌，且人员要退到安全地带。如表 4-5 所示。

表 4-5　牵引变电所工作人员安全等级的安全

等级	允许担当的工作	必须具备的条件
一级	进行停电检修较简单的工作	新工人经过教育和学习，初步了解在牵引变电所内安全作业的基本知识

续表

等级	允许担当的工作	必须具备的条件
二级	① 助理值班员； ② 停电作业； ③ 远离带电部分的作业	① 担当一级工作半年以上； ② 具有牵引变电所运行、检修或试验的一般知识； ③ 了解本规程； ④ 根据所担当的工作掌握电气设备的停电作业和助理值班员的工作； ⑤ 能处理较简单的故障； ⑥ 会进行紧急救护
三级	① 值班员； ② 停电作业和远离带电部分作业的工作领导人； ③ 进行带电作业； ④ 高压试验的工作领导人	① 担当二级工作 1 年以上； ② 掌握牵引变电所运行、检修或试验的有关规定； ③ 熟悉本规程； ④ 根据所担当的工作掌握电气设备的带电作业和值班员的工作； ⑤ 能领导作业组进行停电和远离带电部分的作业； ⑥ 会处理常见故障
四级	① 牵引变电所工长； ② 检修或试验工长； ③ 带电作业的工作领导人； ④ 工作票签发人	① 担当三级工作一年以上； ② 熟悉牵引变电所运行、检修和试验的有关规定； ③ 根据所担当的工作熟悉下列中的有关部分，并了解其他部分：值班员的工作，电气设备的检修和试验； ④ 能领导作业组进行高压设备的带电作业； ⑤能处理较复杂的故障
五级	① 领工员、供电调度人员； ② 技术主任、副主任，有关技术人员； ③ 段长、副段长、总工程师	① 担当四级工作 1 年以上，技术员及以上的各级干部具有中等专业学校或相当于中等专业学校及以上的学历者（牵引供电专业）可不受此限； ② 熟悉并会解释牵引变电所运行、检修和安全工作规程及有关检修工艺

第五章　接触网安全规章

第一节　总则及一般规定

在接触网运行和检修工作中，为确保人身、行车和设备安全，特制定铁2007（69）部令接触网安全运行工作规程，适用于中国既有线工频、单相、25kV交流及提速200～250km/h接触网的运行和检修。

牵引供电各单位（包括牵引供电设备管理、维修单位和从事既有线电气化牵引供电施工单位，下同）在接触网作业中要贯彻“施工不行车，行车不施工”的原则；经常进行安全技术教育，组织有关人员认真学习和熟悉本规程，不断提高安全技术管理水平，切实贯彻执行本规程的规定。

各级管理部门要认真建立健全各级岗位责任制，抓好各项基础工作，依靠科技进步，积极采用新技术、新工艺、新材料，不断提高和改善接触网的安全工作和装备水平，提高接触网运行与检修管理工作质量，确保人身和设备安全。

各铁路局应根据本规程规定的原则和要求，结合具体情况制定细则，报部核备。

所有的接触网设备，自第一次受电开始即认定为带电设备。之后，接触网上的一切作业，均必须按本规程的规定严格执行。

侵入建筑限界的接触网作业，必须在封锁的线路上进行。

从事接触网作业的有关人员，必须实行安全等级制度。经过考试评定安全等级，取得安全合格证之后（安全合格证格式和安全等级的规定，分别见相关规定），方准参加与所取得的安全等级相适应的接触网运行和检修工作。每年定期按表5-1进行年度安全考试和签发安全合格证。

表5-1　考试等级规定

应试人员	主持考试单位和签发安全合格证部门	考试委员会成员
单位的主管负责人和专业负责人	各单位上级业务主管部门	主管负责人
其他从事接触网工作人员	各单位	单位的主管负责人

各单位除按第5条规定组织从事接触网运行和检修工作的有关现职人员每年进行一次安全等级考试外，对属于下列情况的人员，还应在上岗前进行安全等级考试：

① 开始参加接触网工作的人员；

② 开始参加接触网间接带电工作的人员；

③ 接触网供电方式改变时的检修工作人员；

④ 接触网停电检修方式改变时的检修工作人员；

⑤ 安全等级变更，仍从事接触网运行和检修工作的人员；

⑥ 中断工作连续 6 个月以上仍继续担任接触网运行和检修工作的人员。

雷电时（在作业地点可见闪电或可闻雷声）禁止在接触网上进行作业。

遇有雨、雪、雾或风力在 5 级及以上恶劣天气时，一般不进行 V 形天窗作业。若必须利用 V 形天窗进行检修和故障处理或事故抢修时，应增设接地线，并在加强监护的情况下方准作业。

在接触网上进行作业时，除按规定开具工作票外，还必须有值班供电调度员批准的作业命令。

除遇有危及人身或设备安全的紧急情况，供电调度发布的倒闸命令可以没有命令编号和批准时间外，接触网所有的作业命令，均必须有命令编号和批准时间。

在进行接触网作业时，作业组全体成员须按规定穿戴工作服、安全帽。作业组有关人员应携带通讯工具并确保联系畅通。

所有的工具和安全用具，在使用前均须进行检查并记录，符合要求方准使用。

案例 5-1

京广线郑州站停电事故

（一）事故概况

2000 年 7 月 20 日 1 时 05 分，郑州站 12# 承力索北 14 米处断线，造成郑北变电所 210# 跳闸，重合失败，经抢修于 2 时 06 分恢复供电行车，中断郑州车站及郑州机务段供电 61 分。

（二）原因分析

① 在中原路立交桥改造时，设计变更了原郑州车站的供电方式，造成主导电回路发生变化，主导电回路不畅，是造成事故的主要原因。

② 郑州站 19# 下锚支承力索在 12# 柱北 14m 处与西陇海正线的承力索交叉接触，两承力索长期交叉磨损，造成承力索强度下降，是造成事故的直接原因。

③ 定责：行车一般事故，供电原因。

主要教训：

① 在改变供电方式前未对供电回路进行认真调查，没有及时发现导电回路存在的问题，留下了事故的隐患。

② 日常设备巡视时，对承力索交叉磨损导致强度下降问题认识不足，检查不力，且没有组织对设备的夜间巡视。

（三）措施

① 针对暴露出的主导电回路问题。一方面组织对设备进行一次全面检查；另一方面加强对职工这方面业务的教育与培训工作，杜绝同类问题的重复发生。

② 立即组织对设备进行一次全面的巡视与夜间取流检查。

案例 5-2

京广线武陟一亢村间支柱折断事故

（一）事故概况

2000 年 8 月 18 日 16:46，因货物装载不良，侵入限界，连续造成武陟一亢村间接触网支柱折断6根，于19:18临时处理完备，采取降弓运行措施后恢复供电行车，中断京广线武陟—亢村间上行供电152分。

（二）原因分析

① 7352次列车装载的汽车吊加固不良，运行到武陟—忠义间130#支柱时，汽车吊操纵室侵入限界，接连造成武陟—忠义间130#、忠—武间76#、58#，忠—亢间78#、146#，亢村站76#支柱折断。

② 定责：行车一般事故，其他原因。

主要教训：

对大型故障抢修预想不到位，预案制定不周密，在事故情况下手忙脚乱，顾此失彼，以至于抢修时间长。

（三）措施

① 对不常见的，但可能发生的事故，特别是破坏范围大的事故制定具体抢修预案，缩短事故抢修时间。

② 经常进行针对性的事故演练，提高应急过程和抢通。

接触网的步行巡视工作要求：

① 巡视不少于两人，其安全等级不低于三级；

② 巡视人员应戴安全帽，穿防护服，携带望远镜和通讯工具，夜间巡视还要有照明用具。

③ 任何情况下巡视，对接触网都必须以有电对待，巡视人员不得攀登支柱并时刻注意避让列车。

④ 在160～200km/h区段巡视时，应事先告知供电调度，并在车站设置驻站联络员进行行车防护。在200km/h以上区段，一般不进行步行巡视，必须进行巡视时，各铁路局制定具体办法。在160～200km/h区段长大桥梁、隧道巡视时，比照200km/h以上区段巡视办理。

夜间进行接触网作业时，必须有足够的照明灯具。

第二节 作业制度

一、作业分类

接触网的检修作业分为三种：

① 停电作业——在接触网停电设备上进行的作业。

② 间接带电作业——借助绝缘工具间接在接触网带电设备上进行的作业。

③ 远离作业——在距接触网带电部分1m以外的附近设备上进行的作业。

二、工作票

工作票是进行接触网作业的书面依据，填写时要字迹清楚、正确，需填写的内容不得涂改和用铅笔书写。

工作票填写1式2份，1份由发票人保管，1份交给工作领导人。

事故抢修和遇有危及人身或设备安全的紧急情况，作业时可以不开工作票，但必须有供电调度命令。

根据作业性质的不同，工作票分为三种：

① 接触网第一种工作票（格式见相关规定），用于停电作业。

② 接触网第二种工作票（格式见相关规定），用于间接带电作业。

③ 接触网第三种工作票（格式见相关规定），用于远离作业即距带电部分1m及其以外的高空作业、较复杂的地面作业（如安装或更换火花间隙和地线、补偿装置、开挖和爆破支柱基坑、未接触带电设备的测量等）。

第一、三种工作票有效期不得超过3个工作日。第二种工作票有效期不得超过2个工作日。

作业结束后，工作领导人要将工作票和相应命令票（格式见相关规定）交工区统一保管。在工作票有效期内没有执行的工作票，须在右上角盖“作废”印记交回工区保管。所有工作票保存时间不少于12个月（过去是3个月）。

工作票签发人和工作领导人安全等级不低于四级。同一张工作票的签发人和工作领导人必须由两人分别担当。

发票人一般应在工作的前一天将工作票交给工作领导人，使之有足够的时间熟悉工作票中的内容并做好准备工作。工作领导人对工作票内容有不同意见时，要向发票人提出，经认真分析，确认无误后，签字确认。

每次作业一名工作领导人同时只能接受一张工作票。一张工作票只能发给一名工作领导人。

作业前，工作领导人应组织作业组成员列队点名，宣讲工作票并进行分工（过去只是宣读工作票，没有“讲”，一字之差，用意千差万别）。分工时要将本次作业任务和安全措施逐项分解落实到人，然后方准作业。

三、作业人员的职责

工作票签发人在安排工作时，要做好下列事项：

① 所安排的作业项目是必要和可能的；

② 所采取的安全措施是正确和完备的；

③ 所配备的工作领导人和作业组成员的人数和条件符合规定。

工作领导人在安排工作时，要做好下列事项：

图5-1 标准区作业实况

① 确认作业内容、地点、时间、作业组成员等均符合工作票提出的要求；

② 确认作业采取的安全措施正确而完备；

③ 时刻在场监督作业组成员的作业安全；

④ 检查落实工具、材料准备，与安全员（安全监护人）共同检查作业组成员着装、工具、劳保用品齐全合格。

作业组成员要服从工作领导人的指挥、调动，遵章守纪。对不安全和有疑问的命令，要及时果断地提出，坚持安全作业，如图 5-1 所示。

第三节 高空作业

凡在距离地面 3m 以上的处所进行的作业均称为高空作业。

高空作业必须设有专人监护，高空作业人员作业时必须将安全带系在安全可靠的地方。冰、雪、霜、雨等天气条件下，接触网作业用的车梯、梯子以及检修车应有防滑措施。

案例 5-3

京广线新乡—亢村间 5 次接触线断线事故

（一）事故概况

2001 年 1 月 17 日 21:38—18 日 6:54，京广线新乡客站—亢村站间，因大雾天气机车绝缘子闪络，造成接触网连续 5 处断线。

① 17 日 21:38—23:10 客场 4 道 54＃柱处（侧线）断线，中断供电 92 分，原因：石家庄机务段 SS80050 机车前端右侧支持绝缘子闪络；

② 18 日 1:23—4:40 七里营站 13＃柱北侧（正线）断线，中断供电 197 分，原因：郑州机务段 SS80086 机车牵引 T77 次绝缘子闪络；

③ 2:09—4:19 新乡客场 5 道 67＃—69＃间断线，中断供电 130 分钟，原因：石家庄机务段 SS82001 机车绝缘子闪络；

④ 4:19—6:12，新乡客场 103＃—105＃柱间（侧线）断线，中断供电 173 分钟，原因：新乡机务段 SS40336 机车 B 节绝缘子闪络；

⑤ 3:57—6:54，新乡北二场 10 道 135＃柱断线，中断供电 177 分钟，原因：石家庄机务段 SS80109 机车绝缘子闪络。

（二）原因分析

① 以上几起断线事故，都是由于大雾、天气寒冷，机车受电弓、绝缘子覆有薄冰，绝缘性能下降，升弓时车顶绝缘子闪络，瞬间大电流使接触线过热、烧伤，在张力的作用下拉断。

② 定责：行车一般事故，机车原因。

主要教训：

① 大雾天气能见度低，现场照明受到限制，给抢修工作带来一定难度。

② 因断线处下方停有机车，无法使用梯车作业，机车顶部较滑，且距离接触线较高，对抢修速度造成一定影响。

③ 夜间雾大、给事故抢修带来不便。

（三）措施

① 对站场机车停车位置附近接触线进行一次全面检查，发现有烧伤，及时进行更换或补强。

② 进一步完善事故抢修预案，雾天等恶劣天气加强接触网待班和设备巡视，抢修所用工具、材料备齐装车，一旦发生问题，及时抢修恢复。

③ 积极向上级有关部门汇报，建议冬季大雾天气停车时，机车司机不要进行断电和降弓操作，防止接触网断线事故发生。

案例 5-4

新乡北运转场 8 道 119# 接触线断线事故

（一）事故概况

2001 年 2 月 10 日，石家庄机务段 $SS_8$0105＃机车故障，烧断新乡北运转场 8 道 119＃接触线，影响行车 85 分钟。

（二）原因分析

① 由于天降大雾（可见度 3m 左右），石家庄机务段机车 $SS_8$0105＃电力机车主断路器支持绝缘子闪络击穿，造成烧断接触线。

② 定责：行车一般事故，机车原因。

（三）措施

加强机车顶部设备整治。

1. 攀杆作业

攀登支柱前要检查支柱状态，观察支柱上有无其他设备，选好攀登方向和条件。攀登支柱时要手抓牢靠，脚踏稳准，尽量避开设备并与带电设备保持规定的安全距离。用脚扣和踏板攀登时，要卡牢和系紧（如图 5-2 所示）严防滑落。

2. 登梯作业

用车梯进行作业时，应指定车梯负责人，工作台上的人员不得超过两名。所有的零件、工具等均不得放置在工作台的台面上。作业中推动车梯应服从工作台上人员的指挥。当车梯工作台面上有人时，推动车梯的速度不得超过 5km/h（如图 5-3 所示）并不得发生冲击和急剧起、停。

3. 工作台上作业

工作台上人员和车梯负责人要呼唤应答，配合妥当。当用梯子作业时，作业人员要先检查梯子是否牢靠；要有专人扶梯，梯脚要放稳固，严防滑移；梯子上只准有 1 人作业（硬梯比照上述有关规定执行）。

4. 检修作业车作业

接触网检修作业车出车前，司机应认真检查车辆和行车安全装备，确保状态良好，并与作业人员检查通讯工具，确保联络畅通。

作业平台不得超载。工作领导人必须确认地线接好后，方可允许作业人员登上检修作业车作业平台。

检修作业车移动或作业平台升降、转向时，严禁人员上、下。人员上、下作业平台应征

图 5-2 攀杆作业

图 5-3 登梯作业

得作业平台操作人或监护人同意。所有人员禁止从未封锁线路侧上、下作业车辆。

作业平台上的作业人员在车辆移动中应注意防止接触网设备碰刮伤人。作业平台上有人作业时，检修作业车移动的速度不得超过 10km/h，且不得急剧起、停车。

160km/h 及以上区段应采用检修作业车作业。当邻线有 160km/h 及以上运行列车通过时，作业人员应提前停止作业，并在作业平台远离邻线侧避让，如图 5-4 所示。列车通过后方可继续进行作业。

图 5-4 检修作业车作业

第四节 停电作业

一、一般规定

双线电化区段，接触网停电作业按停电天窗方式分为垂直天窗作业和 V 形天窗作业。

垂直天窗作业——双线电化区段，上、下行接触网同时停电进行的接触网作业。

V 形天窗作业——双线电化区段，上、下行接触网一行停电进行的接触网作业。

停电作业时，作业人员（包括所持的机具、材料、零部件等）与周围带电设备的距离不得小于下列规定：220kV 为 3000mm；110kV 为 1500mm；25kV 和 35kV 为 1000mm；10kV 及以下为 700mm。

二、V 形天窗作业

（1）进行 V 形天窗作业应具备的条件如下

① 上、下行接触网带电设备间的距离大于 2m，困难时不小于 1.6m。

② 上、下行接触网带电设备距下、上行电力机车受电弓瞬时距离大于 2m，困难时不小

于 1.6m。

③ 距上、下行或由不同馈线供电的设备间的分段绝缘器其主绝缘爬电距离不小于 1.2m。

④ 所有上、下行线间横向分段绝缘子串，爬电距离必须保证在 1.2m 及以上，污染严重的区段要达到 1.6m。

⑤ 同一支柱上的设备由同一馈线供电。

不能采用 V 形天窗进行的停电检修作业，需在垂直天窗内进行，其地点应在接触网平面图上用红线框出，并注明禁止 V 形天窗作业字样。

（2）利用 V 形天窗停电作业时，应遵守下列要求

① 接触网停电作业前，必须撤除向邻线供电馈线的重合闸，相应所、亭可能向作业线路送电的开关应断开。

② 作业人员作业前，工作领导人（监护人员）应向作业人员指明停、带电设备的范围，加强监护，并提醒作业人员保持与带电部分的安全距离，确保人员、机具不侵入邻线限界。

③ 为防止电力机车将电带入停电区段，有关车站应确认禁止电力机车通过的限制要求。

④ 利用 V 形天窗在断开导电线索前，应事先采取旁路措施。更换长度超过 5m 的长大导体时，应先等电位后接触，拆除时应先脱离接触再撤除等电位。

⑤ V 形天窗检修吸上线、回流线（含架空地线与回流线并用区段）时不得开路，如必须进行断开回路的作业，则必须在断开前使用不小于 $25mm^2$ 铜质短接线先行短接后，方可进行作业。

在变电所、分区亭、AT 所处进行吸上线检修时必须利用垂直天窗。

吸上线与扼流变中性点连接点的检修，不得进行拆卸，防止造成回流回路开路。确需拆卸处理时，必须采取旁路措施，必要时请电务部门配合。

⑥ V 形天窗更换火花间隙、检修支柱下部地线，可在不停电情况下进行，执行第三种工作票并做好行车防护，不得侵入限界；开路作业时要使用短接线先行短接后，方可进行作业。

雷、雨、雪、雾天气时，不得进行更换火花间隙和检修支柱地线的作业。

⑦ 检修隔离开关、电分段锚段关节、关节式分相和分段绝缘器等作业时，应用不小于 $25mm^2$ 的等位线先连接等位后再进行作业。

160km/h 以上区段且线间距小于 6.5m 时，一般不进行车梯作业。必须进行车梯作业时，若邻线有 160km/h 以上列车通过，车梯和人员必须提前下道避让。

在接触网利用“V 形”天窗停电检修作业时，工作票中“其他安全措施”栏强调要防止感应电伤人的安全措施。所谓“V 形”天窗即复线电气化区段，上下行接触网分别停电的开天窗方式称为“V 形”天窗，利用“V 形”天窗进行接触网检修作业称为“V 形”天窗接触网检修作业。那么，“V 形”天窗停电的接触网设备上感应电是如何产生的呢？这是由于“V 形”天窗接触网检修作业方式是一线接触网停电而另一线接触网仍然带电。所以，根据电磁感应原理，有电的接触网上的电流在周围产生的磁力线切割停电接触网，在已停电接触网中产生感应电动势（感应电压）。既平常所说的感应电。

接触网上的感应电大小以理论计算上是比较复杂的，因为它受外界条件影响因素很多。根据 1992 年西安铁路科研所在郑武线薛店至新郑区间所做试验情况，测试出了在“V 形”天窗作业时感应电数值如表 5-2。

表 5-2 接触网“V形”天窗作业感应电压参考表

序号	接触网线路情况	接触网电压/V	正馈线电压/V	保护线电压/V
1	区间上行停电没有接接地线，下行带电无电力机车取流	3300		
2	区间上行停电，但没有接接地线；下行带电，有一台电力机车取流	3410	3650	
3	区间上行停电且地线间距 300m，下行带电有一台电力机车取流	1.4	0.2	0.7
4	区间上行停电且地线间距 780m，下行带电有一台电力机车取流	1.8	8.1	1.5
5	区间上行停电且地线间距 1980m，下行带电有两台电力机车取流	2	1	18
6	站场上行停电且地线间距 1000m，下行有两台电力机车取流	5.2	3	18.5
7	区间上行停电且地线间距 1537m，下行带电接地	5	12.5	5

从“V形”天窗接触网检修作业感应电参考表说明；采用“V形”天窗检修作业，如果停电检修的接触网没有接接地线，不管另一线接触网是否有电力机车取流，接触网感应电压在 3000V 以上，而规程规定人身安全电压是 36V。所以，接触网在没有接接地线情况下的感应电危害人身安全，甚至造成死亡事故。

案例 5-5

感应电造成职工伤亡

1996 年 9 月 20 日，京广线某网工区利用下行“V形”天窗处理某车站 55#～59#13 道跨中拉出值和 13 道 55#及 49#承力索缺陷时，因中途撤除地线，感应电电死人造成责任职工伤亡事故。

(一) 事故概况

某站场 13 道 55#～59#跨中拉出值因设计原因严重超标达 586mm，工区利用 9 月 20 日上午下行“V形”天窗在 13 道 55#～59#跨中立铁塔和顺便调整 13 道 55#和 49#承力索，具体位置在 43#隔离开关柱分段绝缘器南侧 45#锚柱之间接触线上。10：32 分接触网工区接到停电命令按地线位置接好地线后，开始作业。作业组成员在立完 55#～59#跨中铁塔后，按分工由监护人带领 3 人调整 55#承力索，10：55 分驻站联络员通知作业组 13 道有调车机车通过，由于地线接在接触网上，所以工作领导人通知高空作业人员撤离（其中调整 55#承力索高空操作人上到 55#钢柱上），车梯下道，撤除了 43#～45#支柱间接触线上地线。当调车机通过后，还没有接地线前，55#柱操作人某某在没有接到可以开始上网作业命令情况下沿着 55#～57#软横跨从接地侧跨越分段绝缘子串向接触网侧移动，监护人发现制止时已为时过晚，某某跨越分段绝缘子串触及到接触网瞬间触电死亡从软横跨坠落地面。

(二) 原因分析

某某触电死亡直接原因是作业过程中，调车机通过时撤除了地线，在没有重新接接地线情况下，跨越分段绝缘子串触及到接触网，短接分段绝缘子串，因感应电通过人身而触电死亡。

(三) 措施

从这次感应电触电死亡事故看，违章违纪情况很严重，违反规程的地方很多，单从感应电方面看，虽然接触网已停电，但是，采用"V形"天窗检修作业时，已停电的接触网在没有接接地线情况下，感应电在3000V以上。因此，在"V形"天窗检修作业时，必须加强防护措施。郑铁机（1994）128号文《郑州铁路局复线电化区段V形天窗接触网作业安全工作暂行规定》规定：作业区两端与作业区相连的线路上均应需接地（不含通过绝缘件相连的线路），两组接地线间距不得大于1000m，当作业范围超过1000m时，须增设接地线。另外，为了更好地防护感应电，在"V形"天窗作业时，要做到：无论在任何情况下，人员必须撤离到安全地带才能撤除地线，人员必须在地线安全接好后，才能上网作业。特别是在检修作业过程中，地线因某种原因而临时撤除，人员需要上网作业时，必须在地线重新接好，安全措施完备才能重新作业。

V形天窗停电作业接地线设置还应执行以下要求。

① 两接地线间距大于1000m时，需增设接地线。

② 一般情况下，接触悬挂和附加导线及同杆架设的其他供电线路均需停电并接地。但若只在接触悬挂部分作业，不侵入附加导线及同杆架设的其他供电线路的安全距离时，附加悬挂及同杆架设的其他供电线路可不接地。

③ 在电分段、软横跨等处作业，中性区及一旦断开开关有可能成为中性区的停电设备上均应接地线，但当中性区长度小于10m时，在与接地设备等电位后可不接地线。

三、命令程序

每个作业组在停电作业前由工作领导人指定一名安全等级不低于三级的作业组成员作为要令人员，向供电调度申请停电命令，并说明停电作业的范围、内容、时间、安全和防护措施等。

几个作业组同时作业时，每一个作业组必须分别设置安全防护措施，分别向供电调度申请停电命令。

供电调度员在发布停电作业命令前，要做好下列工作：

① 将所有的停电作业申请进行综合安排，审查作业内容和安全防护措施，确定停电的区段；

② 通过列车调度员办理停电作业的手续，对可能通过受电弓导通电流的分段绝缘部位采取封闭措施，防止从各方面来电的可能；

③ 确认有关馈电线断路器、开关及接触网开关均已断开，作业区段的接触网已经停电，方可发布停电作业命令。

供电调度员发布停电作业命令时，受令人认真复诵，经确认无误后，方可给命令编号和批准时间。在发、受停电命令时，发令人要将命令内容等记入"作业命令记录"（格式见相关规定）中，受令人要填写"接触网停电作业命令票"。

四、验电接地

作业组在接到停电作业命令后须先验电接地，然后方可作业。

使用验电器验电的有关规定如下：

① 验电器的电压等级为25kV；

② 验电器具有自检和抗干扰功能。自检时具有声、光等信号显示。

③ 验电前自检良好后，先在同等电压等级有电设备检查其性能，确认声、光信号显示正常，然后方可在停电设备上验电。

④ 在运输和使用过程中，应确保验电器良好。

接地线应使用截面积不小于 25mm^2 的裸铜绞线制成并有透明护套保护。接地线不得有断股、散股和接头。

当验明确已停电后，须立即在作业地点的两端和与作业地点相连、可能来电的停电设备上装设接地线；如作业区段附近有其他带电设备时，在需要停电的设备上也装设接地线。

在装设接地线时，将接地线的一端先行接地；再将另一端与被停电的导体相连。拆除接地线时，其顺序相反。接地线要连接牢固，接触良好。

装设接地线时，人体不得触及接地线，接好的接地线不得侵入建筑限界。连接或拆除接地线时，操作人要借助于绝缘杆进行。绝缘杆要保持清洁、干燥。

装设和撤除接地线时，必须严格按照其程序顺序进行。并且，在接地线没有脱离接触网停电导体情况下，严禁人身触及接地线，若接地线侵入建筑接近限界或接地杆离支柱较远时，必须借助绝缘工具处理。因为，虽然接触网停电，但还存在静电、感应电以及电力机车闯无电区，因此，接地线一端没有先行接地（或接地不良）或接地线接地端先行拆除，人身触及和接触网停电导体相连的接地线时，静电、感应电或电力机车闯无电区，带入电将要经过人身，即使接地线在接地连接牢固情况下，人身触及和接触网停电导体相连接的接地线时，停电接触网上可能存在的电也部分经过人身。所以，违反装撤接地线程序和人身触及接地线，严重危害人身安全。××年 9 月 15 日上午 9：55 分，某某接触网工区检修作业组根据电力调度下达的接触网停电作业命令，在站场南头检调线岔，地线位置 139＃和 303＃（两组接地线间距虽然大于 1000m，由于当时还没有公布有关“V 形”天窗作业规定，中间并没有增设接地线）。

案例 5-6

带电拆除地线造成职工死亡

（一）事故概况

接触网检修作业于 10:40 分完成，作业组工作领导人通知撤除两端接地线，当南头 139＃接地线通知已经撤除后，仍未得知北头 303＃接地线是否撤除。工作领导人多次联系并命令坐台防护人员多次联系，仍未得到回信（以后才得知 303＃接地线监护人所持无线对讲机电池耗尽），11:05 分地线监护人徒步跑到信号楼才知操作人触电。当有关人员跑到事故地点时，操作人已触电死亡。

（二）原因分析

1992 年 9 月 15 日，某某接触网工区，接地线操作人某某就是在撤除地线时，违反撤地线程序，手触地线被电击死亡案例。某某在撤除地线时，将接地线接地端先行拆除。上支柱撤地线时，绝缘杆距支柱较远，不借助其他绝缘件，而用右手抓地线去料接地杆，恰好此时电力机车闯无电区将高压电带入停电作业区，操作人手接触地线，且地线接地端先行拆除，人身也成了主导电回路，使操作人右手掌心被电击烧伤呈黑色，电流从右手流经左膝盖处接地，左膝盖处裤腿烧糊，皮肤烧伤。高电压、大电流通过躯体致使操作人被电击死亡。

在有轨道电路区段，进行接触网停电作业时，注意选择接地线位置，防止因接地线短接轨道电路，出现红光带而影响铁路正常运输。

（三）措施

在停电作业的接触网附近有平行带电的电线路或接触网时，为防止感应危险电压，除按第3条规定装设接地线外，还有根据需要增设接地线。

验电和装设、拆除接地线必须由两人进行，一人操作，一人监护。

在停电作业的接触网附近有平行带电的电线路或接触网时，为防止感应危险电压，除按规定装设接地线外，还要增设接地线。

关节式分相检修时，除在作业区两端工作支接地线外，还应在中性区导线上加挂一组地线，并将两断口进行短接封线。

五、作业结束

工作票中规定的作业任务完成后，由工作领导人确认具备送电、行车条件，将作业人员、机具、材料撤至安全地带，拆除接地线，宣布作业结束，通知要令人向供电调度请求消除停电作业命令；坐台要令人员向车站值班员请求消除线路封闭命令。停电命令和行车封锁命令消除后，人员、机具不得再次上网和侵入建筑限界。

几个作业组同时作业，当作业结束时，每个作业组要分别向供电调度申请消除停电作业命令。

第五节　间接带电作业

一、一般规定

遇有雨、雪、雾、气温在－15～37℃之外、风力在5级及以上等恶劣天气或相对湿度大于85％时，不得进行间接带电作业。间接带电作业人员在接触工具的绝缘部分时应戴干净的手套，不得赤手接触或使用脏污手套。间接带电作业时，作业人员（包括其所携带的非绝缘工具、材料）与带电体之间须保持的最小距离不得小于1000mm，当受限制时不得小于600mm。

案例5-7

京广、孟平线风雪灾害事故

（一）事故概况

2003年2月9日20:43—2月10日12:22，由于冰雨加暴风雪等恶劣天气，接触网摆动严重，上下振幅达1.5m左右、水平振幅达1m左右，接触线及承力索覆冰厚度为10mm左右。据当地气象部门确报，许昌、漯河地区最大风力为10～11级，最低温度零下8摄氏度。恶劣的天气导致京广线许昌—孟庙、孟宝线孟庙—平顶山东区段接触网正馈线断线、定位器脱落、防风支撑折断、吊弦折断、腕臂绝缘子折断、接触悬挂跳越支柱与附加悬挂绞在一起等故障400多处。累计中断供电：京广线15小时40分、孟宝线14小时。

（二）原因分析

① 恶劣的天气条件是造成这起事故发生的主要原因。事故发生当日白天，许昌地区有中雨，傍晚转为冰雹、冻雨，造成物体表面覆冰严重；同时气温骤降至零下12度以下；事故发生时，许昌地区风力达7级以上，而事故发生地—京广线K771—776间风力达9～11级，为该地区32年来从未发生过。这些因素造成接触网导线不规则地覆冰、同时在大风作用下上下、左右剧烈振动，使得电力机车无法升弓受电；而同时接触网吊弦、定位器等零部件受到了严重的冲击，发生变形与折断，也引起了正馈线与保护线的放电跳闸。

② 吊弦、定位器等零配件的设计强度不够，承受不了恶劣天气条件带来的冲击，是造成这起事故的重要原因。此次发生折断的接触网定位器、吊弦都是1996年提速试验时按设计规定使用的新型配件，这部分零配件在设计时没有考虑到暴风雪天气条件下，线索剧烈振动对其强度的要求，因此不具备抵御恶劣天气条件的抗衡能力。

③ 定责：自然灾害。

主要教训：

① 对恶劣天气估计不足，对恶劣天气造成大面积设备遭到破坏的程度预想不充分、抢修预案不全面，未提前做好各项准备工作。

② 多处同时发生设备故障时的综合协调能力欠缺，不能充分利用现有的人员机具，抢修组织较乱。

③ 恶劣天气时，道路泥泞、堵塞，提速后防护栅网的阻隔，使汽车难以尽快的赶到故障地点，延误处理时间。

④ 对特殊地点设备的特殊要求认识不够，采取必要的防范措施不及时。

⑤ 抢修基地建设还比较薄弱。目前，大部分接触网工区没有轨道车停放基地，影响事故情况下的快速出动。

（三）措施

① 积极向上级部门反映，尽快组织对许昌—孟庙间接触网的进行加固改造。

② 鉴于本次事故中正馈线的振动幅度大，持续时间长，破坏后难以恢复，段上将研究改进现有的正馈线结构。

③ 进一步加强事故预想和抢修演练，特别是特殊情况下的抢修预案的制定和抢修物资的配备，努力减少事故对运输造成的影响。

二、命令程序

每个作业组作业前，由工作领导人指定安全等级不低于四级的作业组成员作为要令人员向供电调度申请作业命令。在申请间接带电作业命令时，要说明间接带电作业的范围、内容、时间和安全防护措施。

几个作业组同时作业时，每一个作业组必须分别设置安全防护措施，分别向供电调度申请作业命令。供电调度在发布间接带电作业命令前，要做好相关准备工作。

三、安全技术措施

间接带电作业工作领导人不得直接参加操作，必须在现场不间断地进行监护。

工作领导人在作业前检查工具良好，确认驻站联络员和行车防护人员已全部就位，通讯联络工具状态良好，间接带电作业命令程序办理完毕，所采取的安全及防护措施全部落实后，方能向作业组下达作业开始的命令。

案例 5-8

京广线广武站列车发生火灾烧断接触网事故

（一）事故概况

1997 年 10 月 29 日 1 时 58 分，接电调通知：东风 43011 机车牵引“新 12”列车着火，在广武站南头道口处停车（被拦停）。接通知后，抢修组于 2 时 05 分出动，2 时 20 分抢修组到达事故现场，发现事故着火车辆停于广武站 108＃—106＃支柱间，接触线、承力索已被烧断，缠绕在车辆上，4 时 30 分配合消防人员灭火后，将烧断的接触线、承力索临时拉起，采取降弓措施。将 108＃被烧断的接触网、承力索，经抢修于 5 时 10 分临时处理完毕恢复行车。

（二）原因分析

①“新 12”次列车发生火灾，将广武站 108＃—106＃接触线、承力索烧断。

② 定责：火灾事故，其他原因。

主要教训：

① 对事故抢修时间较长情况下困难认识不足，使对讲机电池容量不足，造成通讯联系不畅，影响抢修进度。

② 配合抢修抢通意识不强，在消防车堵塞道路时，没有及时采取其他办法赶往现场，抢修料具到达现场较晚，这一点也影响了抢修进度。

（三）措施

在全段再开展一次事故预想活动，从防止和应对大事故出发，从通讯手段、材料、机具、方案、组织等方面再进行一次反思，全面检查段内通讯工具，对状态不良的及时更换。

第六节 防 护

在线路上进行接触网检修作业可能影响列车正常运行时，除对有关区间、车站办理封锁手续外，还要对作业区采取防护措施。

凡从事可能影响列车正常运行的作业，除在车站设置驻站联络员外，作业组两端必须根据作业内容按《技规》的规定设置现场防护员。行车防护人员安全等级不低于三级。

在复线区段进行 V 形天窗作业时，现场防护员除按规定做好本线行车防护外，还应监视邻线列车运行情况并及时报告工作领导人。

在 160km/h 及以上区段间接带电作业时，必须在车站行车室及作业现场分别设置行车防护人员。邻线有 160km/h 及以上的列车时，现场防护人员、作业人员和机具应提前下道避让。

行车防护人员需做到：

① 熟悉有关行车防护知识，驻站联络员还应熟悉运转室的有关设备显示；

② 熟悉有关防护及通讯工具的使用方法及各种防护信号的显示方法，每次出工前应检查通讯工具是否良好；

③ 及时、准确、清晰地传递行车信息和信号；

④ 认真负责、坚持呼唤应答和复诵制度；

⑤ 不得影响其他线路上列车的正常运行。

第六章　供用电管理

第一节　电力设备鉴定

电力是铁路运输生产的重要能源。它与提高运输效率，保证行车安全有着密切关系。自动闭塞电线路、电力贯通线路及铁路变、配电所、电源线路等设备构成的供电网络是铁路重要的行车设备。铁路电力工作是铁路运输的重要组成部分，其主要任务是：不断提高供电质量和可靠性，满足铁路运输生产需要。

一、一般规定

为保证对自动闭塞等一级负荷不间断供电，在转换主供所和备用所的供电方式，区间开口、合口，跨所送电的操作中，允许相邻配电所短时并列运行。并列运行应符合下列条件：

① 两所母线电压接近相等；

② 两所的频率相等（同一电网）；

③ 两所的电压相位相同；

④ 并网时的电流不超过继电保护的整定值。

操作目的一经达到，应立即解列运行。

(1) 电力运行人员交接班时应进行下列工作：

① 交班人员应向接班人员介绍设备运行情况，接班人员阅读运行日志及有关记录，熟悉上一班情况；

② 交接班人员共同巡视设备，检查信号装置和安全设施是否良好完备；

③ 检查工具、仪表、安全用具、备品等是否完备。

交接班完毕，由交接班人员在交接记录上签字。如果正在处理事故或倒闸作业，不得进行交接班。未办完交接班手续，交班人员不得离开岗位。

(2) 电力调度应做好下列工作：

① 掌握设备分布、运行方式及状态；

② 正确及时发布调度命令；

③ 掌握停、送电和倒闸作业；

④ 正确操作远动装置；

⑤ 指挥事故处理，掌握安全情况，提出预防事故措施；

⑥ 掌握系统负荷、供电质量，分析运行中的问题，提出改进意见；

⑦ 及时传达上级命令和有关指示，及时向上级汇报情况；

⑧ 运用计算机进行调度管理工作。

(3) 发、变、配电所运行值班人员应做好下列工作：

① 熟悉供电系统和用户用电设备使用情况，监视设备的运行和仪表指示；

② 熟悉供电设备性能和一、二次结线系统，能迅速处理故障；

③ 按调度命令或工作票填写倒闸作业票，并正确地进行倒闸作业；

④ 正确会签工作票和做好停电作业的安全许可和规定的监护工作；

⑤ 定期巡回检查和搞好日常养护工作，定期对供电系统进行安全分析，制定预防事故措施；

⑥ 及时、正确地填写各种记录和表报，妥善保管图纸、资料、管好工具、备品。

二、主要设备

1. 变压器

变压器运行前，应进行外部检查，并根据规定进行电气试验，确认良好后方准运行。

变压器经过长途运输后，应测试检查有无损坏或零件松动，必要时进行吊芯检查。为了不间断供电，应妥善保管备用变压器，干式变压器应注重防潮。备用变压器一般不少于总台数的15%。

变压器运行电压的变动范围在额定电压的±5%以内时其容量不变。转换分接头在任何位置，其所加电压不得超过其相应电压的105%，如表6-1、表6-2。

表 6-1 正常情况下的允许过载能力

过载时间 \ 过载倍数 \ 负荷率	0.75	0.70	0.65	0.60
2h	1.15	1.175	1.22	1.25
4h	1.13	1.165	1.20	1.225

表 6-2 事故情况下的允许过载能力

允许过载倍数	1.3	1.45	1.6	1.75	2.00
过载持续时间/min	120	80	45	20	10

变压器并列运行时，必须具备下列条件：

① 极性或接线组别相同；

② 电压比相等；

③ 阻抗电压百分数相等；

④ 电阻与漏泄电抗的比值相等。

2. 配电装置

新装或大修后的配电装置，经下列检验合格后方准运行：

① 测量绝缘电阻，必要时作耐压试验；

② 母线连接点严密，构架坚固；

③ 相位正确；

④ 开关触头严密，操作机构动作灵活；

⑤ 充油设备中的绝缘油经简化分析合格；

⑥ 二次回路的接线正确，继电保护试验和绝缘电阻合格；

⑦ 过电压保护和接地装置完整；

⑧ 安全用具、事故备品和消防器具齐全。

3. 隔离开关

隔离开关一般不允许带负荷操作。如回路中无断路器时，允许使用隔离开关进行下列操作：

① 开、合电压互感器和避雷器；

② 开、合仅有电容电流的母线设备；

③ 电容电流不超过5A的无负荷线路。当电压在20kV及以上时，应使用户外三相联动隔离开关；

④ 户外三相联动隔离开关，允许开、合电压为10kV及以下，电流为15A以下的负荷；

⑤ 开、合电压为10kV及以下，电流在70A以下的环路均衡电流。

4. 油断路器

油断路器每次故障跳闸后，应进行外部检查，并记录。一般累计四次短路跳闸，应进行解体维修。无机械联锁装置的电动合闸机构，禁止在带电时用手动杠杆或千斤顶合闸，操作箱应严密加锁。无自动重合闸装置的断路器，事故跳闸后允许合闸一次。越级和电容器跳闸不准重合。

5. 互感器

电流互感器二次不准开路，电压互感器二次不得短路，硅元件不准用兆欧表测量绝缘电阻。

中性点绝缘系统和小电流接地系统单相接地故障应及时处理，允许故障运行时间一般不超过2h。

遇有下列情况时，配电装置应立即停止运行：

① 断路器漏油，油面超过下限；

② 故障跳闸后，断路器内部喷油冒烟；

③ 断路器合闸和跳闸操作失灵；

④ 电流互感器二次开路，瓷套管爆裂或流胶冒烟。

电容器停止运行后，应能自动放电。电容器组必须放完电后再投入运行。电容器组的断路器事故跳闸后未消除故障前不准合闸。

6. 电力架空线路

新建或大修后的架空电力线路交验后在运行前应进行下列检查：

① 确定线路相位；

② 检查电线路限界是否合乎规定；

③ 检查保护装置、接地装置、绝缘子安装情况及各种试验记录；

④ 检查杆塔各部构件的安装情况；

⑤ 高压线路在空载情况下，以额定电压冲击合闸三次。

7. 电缆线路

新设、大修或重做电缆盒的电缆，运行前应进行下列检查和测试：

① 检查电缆芯线并定相；

② 测量电缆绝缘电阻；

③ 测量电缆泄漏电流及直流耐压试验；

④ 测量接地电阻。

电缆在正常运行时，不应超过允许载流量；事故情况下，允许两小时以内连续过载不超过额定电流的5%。

8. 远动设备运行的基本要求

（1）主控站

① 远动检修人员在检修主控站远动设备时需经值班调度员同意，并在检修记录中登记后方可开工，检修完工后需双方确定设备处于正常工作状态并签字后方可离开。

② 值班调度未经检修人员同意，不得进入系统及数据库进行更改设置。

③ 主控站具备主、备电源和UPS三路电源。交流电源需在380V+15%及380V−10%和（50±3）Hz的范围内。

④ 除值班调度与维护人员外，任何人不得操作工控机。

⑤ 当正在处理外线事故时，除值班调度外，任何人不得操作工控机，以防误操作。

⑥ 交班时，值班调度应检查通道及被控站的运行情况。

⑦ 任何人不得利用工控机做与远动无关的工作。

⑧ 任何人不得在带电的情况下拔插所有远动设备的接插件。

⑨ UPS后备电源必须工作在逆变状态，并且每月放电一次，时间为半小时。

⑩ 每星期一次由系统员全面检查主机的运行情况，值班调度发现机器运行不正常即报维护人员进行处理。

（2）被控站

① 所有检修工作需在断电后进行，且断电至通电时间间隔至少十秒钟。

② 所有的对RTU内部的维护完毕后，必须仔细检查接线正确，安装牢靠，接触良好方可通电。

③ 值班员发现异常时向维护人员报告，维护人员必须尽快处理；

④ 交流电源需在220V±20%和（50±3）Hz的范围内，直流电源需在220V±20%；

⑤ 检查项目包括：RTU遥控试验对象及箱内风扇运行情况，观察遥信和遥测值，各挡工作电压值是否正常；周期：三个月一次。

9. 绝缘油

绝缘油的储存不应少于事故备用油量加一年的耗油量。事故备用油量应为段管内一台最大变压器的油量。备用绝缘油应经常保持良好状态，并定期进行试验。废旧油应经过再生处理后方可继续使用。

第二节　铁路电力管理

铁路电力工作实行统一领导、分级管理的原则。

铁道部：对全路电力工作统一规划，依照国家的政策、法规，制定铁路相关的规章、制度；调查研究、检查督导、总结和推广先进经验，不断提高电力设备技术管理水平。负责组织电力试验所的计量认证，负责组织各局确定局分界处自动闭塞电线路、电力贯通线路供电方案，指挥、协调事故（故障）处理。

铁路局：贯彻执行国家和铁道部有关的规章和命令，结合具体情况制定有关细则、办法和标准；负责管内各段的技术管理、岗位设置、职责分工；做好供用电的管理工作和专业培训；掌握电力设备状态；组织、安排年度检修、基建大修、更新改造项目和供用电计划；核定事故备品贮备定额；组织电力试验、能力查定和设备鉴定工作；编制规划、提出增强能力和改善供电条件的措施；组织《供电段履历簿》等报表的填报工作；领导本局管内电力调度工作。

电力试验所：是负责铁路电力设备质量检定、出具有法律效力试验报告的公证部门。在铁路局领导下，通过国家计量认证，进入技术质量监督系统；承担铁路电力设备的试验工作。

供用电设备分管原则是：凡为运营铁路设置的供电设备，如发、变、配电所、电力线路、发电车等，均由供电段负责管理（用户专用低压配电装置及低压线路除外），用电设备及装设于建筑物和构筑物上的电气设备，由用电单位或该主体结构的产权单位自行管理。分界点应便于双方人员对设备的检查和维修。分管范围划定如下。

（1）对室内用电设备的供电

① 采用架空引入方式，以建筑物上第一横担分界。横担以外由水电段负责管理，横担至屋内侧（包括建筑物上的横担、绝缘子、导线），由用电单位或建筑物产权单位管理。

② 采用电缆引入方式，以电缆终端头分界。信号机械室为进线口附近室内开关箱中的电源端子。端子至引入电缆由水电段管理，开关（包括开关箱）至负荷侧，由用电单位管理。

（2）对区间用电设备的供电

① 单回路供电区段，以电杆上电缆盒分界。电缆盒以上的引线和电线路由水电段负责管理；电缆盒及以下由用电单位管理。

② 双回路供电区段，两路电源应分别引至用户电源箱。原则上以电杆上电缆盒分界（无电缆盒处以电源箱进线端子分界）。电缆盒（或电源箱）以上的引线由水电段负责管理；电缆盒（或电源箱）及以下由用电单位管理。两路电源转换由用电部门负责。

所有房屋、地下道、风雨棚、仓库等建筑物，桥梁、隧道、天桥、装卸机械、养路机械专用动力、照明设备及配线，由主体结构产权单位负责管理。

各单位自备发电机自行管理。

各铁路局按照上述原则，明确划分设备分管范围。凡不属于本单位管理的设备，不得擅自操作或变动。对本规则未规定的设备，其分管范围比照上述分管原则由铁路局自定。

案例 6-1

关于新乡南至焦作自闭线路停电的故障概况

7 月 1 日 16 时 14 分至 16 分，新乡南至焦作自闭线路因待王至焦作自闭 103#—104#杆间高压电缆故障停电 2 分钟，现将故障有关情况汇报如下。

(一) 事故概况

16 时 14 分，段调度崔接焦作配电所值班员报：新焦自闭速断跳闸，新乡南配电所自投失败。

16 时 16 分，段调度崔通知新乡南配电所值班员试送新焦自闭成功，新乡南至焦作间各站自闭电源恢复供电正常。

16 时 17 分—25 分，段调度崔落实新乡南至焦作间各站行车供电情况均两路供电良好。

16 时 26 分，段调度崔通知焦作电力巡视焦作至待王间自闭线路。

16 时 27 分，段调度崔分别通知副段长、安全科副科长。

16 时 40 分，段调度崔接焦作电力调度陈报：据郑州桥隧段安阳路桥公司现场施工协调人刘进运反映其在焦东路新建立交桥东南侧施工时不慎将焦作至待王自闭 103＃—104＃杆间电缆挖断。

16 时 42 分，待王电力断开焦作至待王自闭 1＃开关处理电缆故障。

16 时 43 分，段调度崔通知焦作电力调度陈向焦作铁路公安派出所报案，出事现场的警官为副所长卞××。

7 月 2 日下午 16 时 50 分，段向电缆故障责任方索取证明时得知：电缆故障责任方实际为安阳市公路桥梁工程建设公司二处。

（二）原因分析

安阳市公路桥梁工程建设公司二处在焦东路新建立交桥东南侧使用装载机施工时，不慎将焦作至待王自闭 103＃—104＃杆间电缆挖断。

（三）措施

严格执行施工管理规定。

案例 6-2

关于文庄车站停电的事故报告

2003 年 6 月 4 日，15 时 44 分至 17 时 28 分，文庄车站信号电源停电，影响供电 1 时 44 分，给铁路运输生产造成了影响。

（一）事故概况

6 月 4 日 15 时 44 分，长变电所韩报：东贯通速断跳闸，东变电所自投失败。

15 时 46 分，分局调度所通知段调度崔××：文庄信号电源无电。

15 时 46 分，段调度崔拉开文庄贯通分断器，并同时通知长、东两变电所试送。

15 时 47 分，长试送文庄分断器成功，东明变电所试送失败。

15 时 49 分，通知长垣电力车间主任派人前往文庄抢修，同时通知副段长、安教科长赶赴现场。

15 时 50 分，通知东明电力工区工长拉开东堡城贯通 2 号开关。

15 时 55 分，长垣电力工区工长带领四人乘车前往文庄车站。

16 时 55 分，拉开东堡城贯通 2 号开关，东明试送成功。

17 时 07 分，因正值“非典”时期，沿路检查站较多所以通知长电力车间带领第二批抢修人员与车站联系乘机车前往文庄车站。

17 时 20 分，长垣电力郑到达文庄车站。

17 时 28 分，长垣电力郑报告段调度崔：文庄车站恢复新贯通供电，原因为：文庄 50KVA 混合变压器的低压空气开关故障使高压西边相另克脱落造成低压无电。(6 月 4 日上午 10:35—10:45 长垣电力人员巡视设备运行正常)

18 时 20 分，长垣电力郑拉开桥西贯通 66 号开关。

18 时 25 分，合上文庄贯通分断器，长垣送到桥西贯通 66 号开关。至此文庄两路电源全部恢复正常。

18 时 30 分，东明电力拉开东堡城—桥西 136 号开关。唐段长、黄科长赶到文庄车站。

18 时 35 分，合上东堡城 2 号开关，东明变电所跳闸。由此判断故障区间为东堡城 2 号—桥西 136 号间。

遂对该段线路徒步检查、对电缆逐段解列摇测检查、对架空线路逐杆、逐塔进行检查，该段线路大部分位于黄河大桥上，有两段高压电缆，桥上架空线路为桥墩外斜撑铁塔架设，因地形复杂、桥上风大登塔不安全等原因给故障查找造成一定困难。于 5 日 0 时 12 分发现 62#—63#铁塔间中相和北边相间搭一细铁丝造成短路，0 时 20 分处理完毕恢复全线供电。

（二）原因分析

① 文庄—东堡城间老贯通 62#—63#高压线路中相和北边相间搭一细铁丝造成短路，致使线路送不上电。该段贯通线路为桥墩外斜撑铁塔架设，架空线条距黄河桥外沿约 3～4 米，略低于桥面，以往曾数次发生行人抛扔废弃铁丝杂物现象。

② 文庄站新贯通为 10:45 分之后低压开关故障致使高压西边相零克脱落造成低压无电。17 时 20 分电力抢险人员到后，对高压保险、低压开关进行检查更换恢复了供电。经对低压空气开关解体检查，系开关内部零件脱落造成故障无法送电。

注：①文庄新贯通线路高低压设备为 1999 年新菏复线时由工程局承建移交。该开关型号为 TM30S—100W（天津市低压开关厂产），按铁道部［铁运（1999）103 号］文件第 88 条规定，其使用年限为 15 年。

② 分局有关业务部门领导到达现场参与了调查分析。

（三）措施

此次事故虽然系外界原因（老贯通线路搭挂铁丝）及设备材质（低压空气开关零部件脱落）原因造成，但是在事故的处理过程中也暴露出一些问题：

① 对重点关键线路区段事故预想不够，尤其是对于“非典”期间，对交通等方面存在的不利于事故处理的因素估计不足，没有制定特别有效的克服措施，以至故障发生时不能及时赶赴现场，造成事故处理延时。

② 因黄河桥上线路故障查找比较困难，相对显现出事故查找中人员投入的不足，需要在以后进一步合理安排和调度。

③ 空气开关故障是导致此次故障的直接原因，尽管系开关材质问题所致，但同时也表现出在设备巡视、职工素质、抢通意识等方面存在的一些问题，需要在以后的工作中进一步加强。针对以上问题，经段领导研究决定，特制定措施如下。

① 各车间要进一步完善事故抢修预案和事故抢修组织，特别是对关键处所在非正常情况下的应变措施要提前预想、超前防范，合理制定防范措施。同时要增强抢通意识和责任意识，遇到事故要迅速出动，赶赴事故现场和关键处所，做好准备，积极排除故障。

② 目前已进入雨季并即将进入汛期，必须对水电设备尤其是行车设备关键区段加强巡视检查，熟悉设备的安装和运行状况。同时对外界环境中有可能影响正常供电的不安全因素要建立专项登记制度，从思想真正重视起来并进行分析排查，并制定相应的保安措施，不断提高安全隐患意识。

③ 黄河桥贯通线路的巡视检查要将设备附近废弃铁丝杂物的妥善处理作为一项巡检内容认真执行，提高职工责任意识和超前防范意识。

④ 进一步加强职工素质教育，提高职工的业务技术素质和事故抢修处理能力，切实保证设备故障能够得到及时克服。

⑤ 长电力车间对事故处理延时负领导责任，扣发车间主任、书记六月份安全风险抵押金，扣除技术员、安全员六月份安全综合奖，并按段2003年1号文件有关规定进行考核。

⑥ 长电力工区工长负有直接管理责任，扣除六月份工长津贴和安全综合奖金，设备巡视人巡检不认真，扣除六月份安全综合奖金，扣除设备保养人六月份安全综合奖。

⑦ 把此次事故处理情况通报全段，使全体干部职工认真吸取教训。

第三节 牵引变电所设备鉴定

一、牵引变压器（35分）

① 预防性试验：未按规定周期进行，每项减2分；试验项目不全，每项减2分。试验结果不合格，又未进行处理，每项减10分。壳体有锈蚀，每处减0.5分。

② 本体外观：瓷套有污秽，每只减0.5分；有放电痕迹、瓷釉剥落，每处减0.5分。有裂纹每处减2分。

③ 油位、油色、油标：不正常每项减1分；本体发生渗油，每处减0.5分，漏油，每处减2分。

④ 呼吸器：呼吸器油杯内无油减2分；硅胶变色超过2/3减1分。

⑤ 引线：弛度过大，每根减0.5分；线夹螺栓松动，每线夹减0.5分；线夹有过热痕迹者，每处减2分。未贴测稳片，每处减0.5分。

⑥ 冷却装置：运行正常，否则，每处减1分。

⑦ 分接开关：位置指示正确，低压侧母线电压在调节范围内，否则，每台减5分。

⑧ 接地：壳体及端子箱接地良好，否则，每处减2分。

⑨ 标示：相别标示清晰，否则，减1分；电缆标牌完备、清晰，每缺一个或无法识别减0.5分。色标牌按规定设置，否则，每处减1分。

案例6-3

“8.25”京广线汤变电所1#主变事故报告

2006年8月25日12时59分46秒，汤变电所1#主变差动、重瓦斯保护动作，13时13分汤变2#主变送电成功，全所停电13分钟。中断京广线汤阴—鹤壁、汤阴—局界间上、下行接触网供电14分钟，101DL、1#主变设备严重损坏，退出运行。8月29日，安调科科长在段501会议室主持召开了事故分析会，供电技术科、安调科、供电调度室、生产调度、变电车间和汤变电所有关人员参加会议，主管段长对该事故进行了深刻剖析和讲评，现报告如下。

（一）事故概况

① 12：59：46：617　1#B差动速断（B相）动作；当时天空有炸雷；

② 12：59：46：905　216DL有16.3A电流启动；

③ 12：59：47：91　1#B重瓦斯动作；

④ 13：00：03　汤变值班人员合101DL失败；

⑤ 13：01：42：904　1#B重瓦斯动作；

⑥ 13：01：44　电调口令、汤变值班人员合101DL失败；

⑦ 13：02：18：62　1#B重瓦斯动作；

⑧ 13：04　57491命令推入203.204DL开关小车、合上1023GK，13：10完成；

⑨ 13：10　57492命令合上1002.1092GK，13：11完成；

⑩ 13：11　57493命令合上102DL、2092GK，13：12完成；

⑪ 13：12　57494命令合上203.204DL，13：13完成；

⑫ 13：13　57495命令断开1092GK，13：14完成。

事故影响及设备损坏情况：

全所停电14分钟，影响三客三货，101DL、1#主变设备严重损坏，退出运行。101DL B相油已变黑，需对B相更换变压器油并检修；1#主变内部二次b相绕组绝缘破坏、匝间短路，需更换绕组。

（二）原因分析

事故发生后，主管副段长、安调科、供电技术科有关人员、变电车间人员立即赶往现场进行调查处理。经对现场设备检查、试验以及询问当班值班人员和当班电调值班人员，调阅事故跳闸信息记录、事故发生前后及处理全过程的电调通话录音后，分析认为：

① 全所停电及影响行车原因：216馈线（汤鹤支线）遭雷击，雷电过电流造成1#主变内部二次b相绕组绝缘破坏、匝间短路；因正在办理2#主变高压侧6LH检查维修的工作票，导致2#主变未自投和送电时间长。

② 设备严重损坏原因：雷电过电流冲击1#主变二次侧B相绕组造成主变内部故障、101DL跳闸。而此后，变电所值班员、助理值班员严重违章擅自闭合101DL、供电调度值班员与变电所值班员再次违章操作合101DL，加剧了设备受损程度，导致设备严重损坏退出运行。

（三）措施

1. 事故教训

尽管此次事故系雷击诱发，但是，汤变当班值班人员、供电调度在处理事故过程中，未按规程规定和段标准化程序、标准进行处理，使事故影响和损失进一步扩大。经分析，设备跳闸后在事故抢修以及安全管理中存在以下主要问题。

① 故障跳闸发生后一直到送电恢复，汤变电所当班值班人员未向电调和段生调汇报跳闸情况以及保护动作信息，尤其是重瓦斯动作信息到事故处理后1个小时后才上报，造成故障信息不清，为盲目送电埋下隐患。

② 变电所值班人员在故障信息未上来，故障情况不清楚的情况下，未征得电调批准，严重违章擅自闭合101DL。

③ 当班电调在得到跳闸报告后，在未得到跳闸、故障情况的准确信息时，急于迅速恢复供电，盲目下令闭合 101DL。在事故处理过程中，简化作业程序，命令发布不完整。

④ 变电车间及所属班组现场安全卡控不到位，安全、技术管理混乱。一次侧作业，车间管理人员无人跟班，电器组工长、变电所所长均不在作业现场，突显了车间、班组安全管理的虚位。经检查作业工作票以及班组试验报告，多处发生缺漏和错误，班组执行标准化作业程序执行不规范，车间疏于日常技术管理。

⑤ 变电车间对事故分析不重视，没有从主观上、从自身上找造成事故损失进一步加剧的原因。

2. 采取措施

① 变电车间、供电调度室要将此次事故三日内记名式传达到每个职工。

② 各所亭要针对“8.25”事故，召开一次分析会，深刻汲取事故教训，举一反三，查找自己在巡视检查、日常作业、事故应急处置、标准化程序执行情况、安全技术基础管理等方面存在的问题和不足。

③ 各车间要对段 2006 年 4 月 21 日公布的关于《加强事故管理实施办法》（郑供电段安〔2005〕97 号）和 2006 年 4 月 28 日下达的《关于规范事故信息上报工作的补充通知》重新组织学习，提高故障（事故）情况下应急处置能力。

④ 由于汤变电所 1＃主变故障，已退出运行，该所为单台主变运行。要求变电车间、供电调度室按照段供电技术科制定的关于《京广线汤牵引变电所 1＃变压器故障修复方案》，认真组织学习，熟悉应急处置预案，保证期间的牵引变电设备安全运行。

3. 定责处理

① 虽然事故系由雷击诱发，但鉴于事故处理以及车间安全管理存在的诸多问题，定责变电车间责任事故危机一件。

② 对当班值班员王、助理值班员索按照《违章违纪范围及处理办法》各记一级违章一件，按照规定发放红色违章警告卡。当班值班员王降为助理值班员使用，期限 6 个月。

③ 对电调值班员记二级违章一件，按照规定发放黄色违章警告卡。

④ 按照违章违纪范围及考核办法，连带逐级追究工作领导人、工班长、车间主任、总支书记管理责任，责成变电车间重新召开事故分析会，9 月 1 日前将事故报告交安调科。

附：1＃主变事故保护装置动作报告及 216 断路器馈线保护动作报告

1＃主变跳闸事故报告

1. 第一次跳闸记录

保护装置：汤变压器 1 主保护

1＃主变跳闸

差动保护　动作

变压器 UV 相电压：83.96V

变压器 VW 相电压：81.86V

变压器 UW 相电压：84.33V

变压器 UV 相电流：10.65A

变压器 VW 相电流：8.16A

变压器 WU 相电流：25.08A

变压器 u 相电流：1.03A

变压器 v 相电流：31.37A

1ms　V 相差动速断启动　I=31.90A　(定值：31.8A)

4ms　V 相差动速断出口　I=31.79A

11ms　V 相差动速断返回　I=30.73A

故障发生时间：2006-8-25　12：59：46：617；

保护装置：汤阴变压器 1 后备保护

1#主变跳闸

非电量保护　动作

变压器 U 相电流：0.01A

变压器 V 相电流：0.01A

变压器 W 相电流：0.00A

变压器 u 相电流：0.01A

变压器 v 相电流：0.01A

零序电压：0.02V

u 相电压：11.21V

v 相电压：10.42V

零序电压：0：0.37V

1ms　重瓦斯出口　I=31.90A

23ms　U 相低压启动　U=12.1V

23ms　V 相低压启动　U=11.08V

故障发生时间：2006-8-25　12：59：47：91；

2. 第一次强送失败跳闸记录

保护装置：汤变压器 1 后备保护

1#主变跳闸

非电量保护　动作

变压器 U 相电流：8.93A

变压器 V 相电流：16.23A

变压器 W 相电流：8.00A

变压器 u 相电流：0.00A

变压器 v 相电流：0.01A

变压器零序电流：4.59A

零序电压：0.04V

u 相电压：0.11V

v 相电压：0.37V

0ms　W 相过负荷 1 段启动　I=4.62A

1ms　W 相过负荷 2 段启动　I=4.62A

2ms　U 相低压启动　U=0.21V

2ms V 相低压启动 U=0.35V

2ms W 相过电流启动 I=5.51A

4ms V 相过电流启动 I=6.20A

6ms 驱动不良 A 相过电流启动 I=4.37A

7ms U 相过负荷 1 段启动 I=4.89A

7ms U 相过负荷 2 段启动 I=4.89A

1ms 轻瓦斯启动

216ms 重瓦斯出口

1ms 轻瓦斯返回

287ms 零序过电流启动 I=11.63A

293ms U 相过负荷 1 段返回 I=3.32A

293ms U 相过负荷 2 段返回 I=3.32A

294ms U 相过电流返回 I=2.56A

296ms W 相过电流返回 I=3.79A

299ms W 相过负荷 1 段返回 I=3.21A

299ms W 相过负荷 2 段返回 I=3.21A

305ms 零序过电流返回 I=5.16A

306ms V 相过电流返回 I=1.37A

故障发生时间：2006-8-25 13：1：42：904

3. 第二次强送失败跳闸记录与第一次基本相同。

216DL 事件报告

2006-8-25 12：59：46：905

0 ms 低压闭锁解除

1 ms 电流 I 启动 I=16.30A

3 ms 电流 2 次谐波闭锁

3 ms 电流综合谐波闭锁

7 ms 电流 2 次谐波闭锁解除

8 ms 阻抗 Z_1 启动 Z=0.52 小于 55.4Ω

8 ms 阻抗 Z_2 启动 Z=0.52 小于 55.4Ω

10ms 阻抗 Z_3 启动 Z=0.40 小于 46.9Ω

二、110kV SF_6 断路器（20 分）

① 预防性试验：未按规定周期进行，每项减 2 分；试验项目不全，每项减 2 分。试验结果不合格，又未进行处理，每项减 10 分。

② 本体外观：有污秽，每只减 0.5 分；有放电痕迹、瓷釉剥落，每处减 0.5 分。有裂纹每处减 2 分。

③ 引线：正常弛度过大，每根减 0.5 分；线夹螺栓松动，每线夹减 0.5 分；线夹有过热痕迹者，每处减 2 分。未贴测稳片，每处减 0.5 分。

④ 气压：在正常指示范围内，否则，每极减 5 分。

⑤ 机构箱：机构箱门密封不严、锁闭不良者每项减 1 分；有凝露者减 3 分。

⑥ 分合闸指示器：分合闸指示器应与实际状态一致，否则，每处减 2 分。

⑦ 分合闸性能：人工电分、合各 2 次，拒分、拒合者，每次减 20 分。

⑧ 接地、标示与变压器一样。

三、110kV 少油断路器（20 分）

① 预防性试验：未按规定周期进行，每项减 2 分；试验项目不全，每项减 2 分。试验结果不合格，又未进行处理，每项减 10 分。

② 本体外观：瓷套有污秽，每只减 0.5 分；有放电痕迹、瓷釉剥落，每处减 0.5 分。有裂纹每处减 2 分。网栅锈蚀者，减 2 分。

③ 本体外观、引线、油位、油色、端子箱、接地、标示与其余设备一样。

四、互感器（10 分）

① 预防性试验；未按规定周期进行，每项减 2 分；试验项目不全，每项减 2 分。试验结果不合格，又未进行处理，每项减 10 分。

② 本体外观、引线、油位、油色、端子箱、接地、标示与其他设备一样。

五、电动隔离开关（20 分）

① 分合闸状况；合闸主刀闸不成一条直线，分闸角度不合规定，每项减 2 分；合闸时触头接触不密贴，每处减 2 分；分、合闸止钉间隙不符合规定，每项减 0.5 分。

② 分合闸性能；人工分、合各 2 次，拒分、拒合者，每次减 20 分。两、三极隔离开关不同期超过规定，减 1 分。

③ 预防性试验、本体外观、引线、端子箱、接地、标示与其他设备一样。

手动隔离开关（10 分）、真空断路器（20 分）、避雷器（10 分）、无功补偿装置（20 分）、交、直流电源装置（15 分）、高压开关柜（15 分）、故障判断装置（15 分），此处不再详细介绍。

六、配电盘（30 分）

① 保护无误动、拒动现象，否则，每次减 10 分。

② 本体外观，盘上设备清洁，锈蚀面积不超过 $50mm^2$，否则每项减 3 分。盘体下部应密封良好，否则每盘减 3 分。

③ 盘上设备安装牢固，否则，每处减 0.5 分；仪表、信号灯指示正确，否则，每只减 2 分；转换开关、继电保护和自动装置压板以及转换开关的位置、标示牌应正确，并与记录相符，否则，每项减 2 分；微保、综自打印纸更换不及时，每套减 5 分。

七、接触网故障测试仪（15 分）

① 预防性试验：未按规定周期进行，每项减 2 分；试验项目不全，每项减 2 分。试验结果不合格，又未进行处理，每项减 2 分。

② 测试精度：测试精度在±500m 范围内，若超出上述范围，又未采取措施者，发现一

处减 5 分。

③ 盘体：盘体锈蚀、脱漆超过 $50mm^2$，每面盘减 2 分；判内布线凌乱、有私拉乱扯现象者，每项减 3 分；

④ 接地：盘体应接地良好，否则，减 2 分。

八、电缆及电缆沟（10 分）

① 电缆：试验，未按规定进行试验减 5 分。

② 接地：未按规定一端接地减 2 分；电缆落地，每根 0.5 分；电缆标志牌不清或无，每处减 0.5 分；电缆外铠锈蚀、散乱，弯曲半径不合规定，每项减 1 分。

③ 电缆沟：沟内有积水及杂物，每处减 1 分；电缆沟破损，每处减 0.5 分；电缆沟盖板破损，有纵向或横向贯穿裂纹的，每块减 1 分，缺角者且斜边大于 15cm 者，每块减 0.5 分。

九、避雷针（5 分）

① 预防性试验：未按规定周期进行，每项减 2 分；试验项目不全，每项减 2 分。试验结果不合格，又未进行处理，每项减 5 分。

② 本体外观：螺栓无松动、锈蚀、缺少，否则每项减 1 分；支架锈蚀面积不超过 5%，否则，每根减 2 分；针尖有明显熔毁者，每 2 本体外观根减 5 分。

③ 接地：接地电阻应符合规定，否则，每减 5 分。

十、软母线及其固定金具（10 分）

① 预防性试验；未按规定周期进行，每项减 2 分；试验项目不全，每项减 2 分。试验结果不合格，又未进行处理，每项减 5 分。

② 本体外观；螺栓无松动、锈蚀、缺少，否则每项减 1 分；支架锈蚀面积不超过 5%，否则，每根减 2 分；针尖有明显熔毁者，每根减 5 分。

③ 接地；接地电阻应符合规定，否则，每减 5 分。

十一、其他（20 分）

① 场坪；场坪应平整，局部有塌陷者每处减 1 分；有积水每处减 2 分；有烟头等杂物者减 5 分。

② 照明、主控室、着装都有规定。

第四节　接触网设备鉴定

接触网设备质量（300 分）。

一、接触悬挂（150 分）

(1) 接触线（25 分）

技术参数超安全运行值，每处减 2 分；超限度值，每处减 10 分。

(2) 承力索（20 分）检查两组

技术参数超安全运行值，每跨减 2 分；超限度值，每跨减 5 分。

(3) 中心锚结 (5 分)

① 锚结辅助绳不应松弛，未做到者每组减 2 分；不得有断股和接头，未做到者每处减 5 分；固定锚结绳用的钢线卡子应符合规定，少一个减 1 分，安装错误一处减 1 分。

② 中心锚结线夹处接触线应无偏磨，导线高度应符合规定，否则减 2 分；所在跨距内接触线、承力索无接头和补强，不得安装吊弦和电连接器，未做到者每项减 5 分。

(4) 吊弦 (10 分)

吊弦技术参数超安全运行值，每根减 1 分；超限度值，每根减 2 分。松弛每根减 1 分。烧伤及断股每根减 2 分，折断每根减 10 分。

(5) 检查正、侧线各两组线岔 (15 分)

① 技术参数超安全运行值，每处减 2 分；超限度值，每处减 10 分。

② 限制管卡滞每处减 10 分。

③ 线岔始触区内不得安装任何线夹（定位线夹及限制管线夹除外），未做到者每处减 5 分。

(6) 补偿装置 (15 分)

检查接触线，承力索补偿器各两组。

① 坠砣重量符合规定，未做到者重量每误差 25kg 减 5 分；坠砣叠码整齐，其缺口错开 180°，未做到者，每组减 1 分。

② 补偿器不灵活，每组减 5 分；a、b 值超安全运行值减 2 分，超限度值减 10 分。

③ 补偿绳不得与其他结构发生摩擦，未做到者，每组减 5 分。

④ 限界架不应侵入限界且安装高度应符合安装图要求，未做到者，每组减 2 分。

(7) 电连接器 (10 分)

检查一处绝缘锚段关节的两组电连接器、一组站场股道电连接器及 2 组线岔电连接器。

① 电连接器安装正确，每根减 5 分。电连接线夹温度超过规定者（以测温贴片变色为准）每处减 5 分，无测温贴片每处减 1 分。

② 电连接线长度不能满足线索伸缩要求，每处减 2 分。

③ 线索交叉跨越间距不足 200mm 处所未采取保安措施，每处减 2 分。

(8) 绝缘器 (15 分)

绝缘件参照第 10 项规定执行，不重复记分。

(9) 锚段关节检查两组 (15 分)

技术参数超出安全运行值，每处减 2 分；超出状态限界值，每处减 10 分。非绝缘锚段关节锚支接触线在其投影与钢轨交叉处对于工作支抬高量小于 300mm，减 5 分。

(10) 绝缘件 (5 分)

① 绝缘件破损、裂纹，每片（根）减 3 分；绝缘子严重脏污，每串（根）减 1 分；有放电痕迹，烧损面积超过规定，每片（根）减 5 分；绝缘件连接缺少弹簧销或安装不牢固者每处减 3 分。

② 距接地体距离小于规定者每处减 2 分。京广、陇海干线重污区段绝缘子绝缘爬距小于 1400mm，每处减 1 分。

③ 高路堑区段未采用硅橡胶绝缘子，每处减 1 分。

(11) 软（硬）横跨 (15 分)

① 横向承力索、上下部固定绳无断股、接头或补强，未做到者每根减 5 分。

② 上下部固定绳松弛或负弛度超过规定，每根减 1 分；斜拉线松弛每 2 根减 1 分；下部定位绳距工作支接触线距离小于 250mm 者，每处减 10 分。

③ 绝缘件参照第 10 项规定执行。检查两组不重复记分。

二、定位支撑装置（50 分）

1. 定位装置（20 分）

① 定位器应处于受拉状态，未做到者每处减 2 分；定位器技术参数超安全运行值，减 3 分；超限度值，减 10 分。

② 定位管均应保持水平，低头或靠接触线侧仰高超过 30mm，每根减 1 分；定位管应封堵良好，未做到者每 2 根减 1 分。

③ 软定位器的定位拉线可调节端应在定位管侧，固定端在腕臂侧，未做到每处减 1 分。

④ 定位环、定位支座等零部件安装位置符合规范，未做到者每根减 1 分。

2. 支撑装置（30 分）

① 拉杆或平腕臂应水平，靠线路侧的端部低头或上仰超过 50mm，每根减 1 分。

② 腕臂技术参数超安全运行值，减 2 分；超限度值，减 5 分。底座倾斜每处减 1 分；无管帽者，每根减 1 分。

③ 定位管支撑安装角度及位置符合规定，未做到每处减 2 分。

三、支柱及基础（20 分）

① 侧面限界应符合设计要求，不符者每根减 2 分；小于技规规定的限值，每根减 10 分。倾斜超过规定每根减 2 分。无轨面标准线和参数标注错误每根减 2 分。

② 混凝土支柱露筋、裂纹超出规定未做处理每根减 2 分。金属支柱主角钢弯曲超过规定每根支柱减 5 分，焊缝有裂纹，每根减 3 分，锈蚀或漆层剥落面积超过支柱总面积 10%，每根减 2 分。

③ 支柱拉线应绷紧，同一支柱上的拉线应受力均衡，未做到者，每处减 1 分；埋入地下部分应防腐，未做到者，每根减 1 分；拉线与地面夹角应不符合规定，每处减 2 分。

④ 支柱基础无破损、塌陷，支柱根部及基础周围清洁，横卧板设置符合规定，未做到者，每处减 2 分。钢柱基础帽密实不渗水，否则每个基础减 5 分。

四、其他检查一台（80 分）

1. 隔离（负荷）开关（15 分）

① 技术参数不符合规定，每处减 5 分。操作机构状态不良，减 3 分；机构未加锁，每处减 5 分。

② 电连接器引线距接地体的距离应不小于规定，未做到者，每处减 2 分。

③ 绝缘件参照第 10 项规定执行，电连接器参照第（一）条第 7 项规定执行。不重复记分。检查一组

2. 避雷装置（5 分）

绝缘件参照第（一）条第 10 项规定执行。不重复记分。计数器损坏减 2 分，指示刻度不清晰减 2 分；指示数同记录本记录不一致减 2 分。

3. 地线及跳线（5分）

连接不牢固或缺少，每根支柱减1分；设置不符合规定的，每根支柱减5分。

4. 吸上线，火花间隙（5分）

吸上线连接不牢固，每根支柱减3分；火花间隙动作次数超出规定值或破损而未能更换的，每处减3分。安装不牢，减1分；对地面及相互间的距离小于规定者减2分。

5. 限界门（5分）

① 实际限制高度每超100mm每架减2分，与线路中心距离不符合规定者，每架减2分。

② 吊板不整齐，漆条颜色不明显者，每架减1分；无限高牌、揭示牌者，每架减2分。

6. 附加导线（15分）

① 附加导线技术参数超安全运行值，减2分；超限度值，减5分。

② 横担安装位置正确，安装牢固，呈水平状态，钩头鞍子各部件完好，未做到者减2分。

7. 设备标志（30分）

未安装者，每处减5分。设置和规格不合规定，字迹不清，装设不牢，破损者，每项减2分。

注：接触网线夹松动、偏斜，每个减1分；线索散股、断股未采取相应的措施，减2分；锈蚀面积超过200毫米或长度超过200毫米，每根减1分；螺栓松动，每个减1分；各零部件型号符合设计，未做到者每处减2分；缺少零部件，每个（件）减1分；状态不良每个（件）减1分。桥隧两侧承力索、供电线、正馈线未加装绝缘套管，每处减1分。

第五节　供电安全管理

一、电力施工安全“卡死”制度

在电力设备上工作，要坚持三票一簿，严格执行“四必须”。

① 在高压、变配电传导设备上及涉及高压设备停电或做安全措施和两路供电的低压线路上作业时，必须办理停电作业工作票。

② 在低压设备上带电作业时，必须办理带电作业工作票。

③ 在单一电源供电的低压线路（电缆）测量低压电流、电压，拉合高压开关的单一操作时，必须填写安全工作命令记录簿。

④ 在配电设备上操作必须办理倒闸作业票。

电力作业停电和恢复送电必须“卡死”停、检、封、挂、摘、拆、送、验八个环节，执行一人操作一人监护制度，做到“三不停电”、“六不送电”。

1. 三不停电

① 没有正确的工作票倒闸票不停；

② 没有联系好登记要点没签字同意不停（请示调度、发电报、要点、登记、通知用户等）；

③ 任务不明，停电及影响范围不清楚不停。

2. 六不送电

① 安全措施（接地封线、短路线、标示牌、防护物）没有全部拆除不送；

② 没有办理正确的倒闸票不送；

③ 送电范围不清楚不送；

④ 没有工作领导人（执行人）的签认许可不送；

⑤ 工作现场未检查，工作人员未全部撤离不送；
⑥ 没有监护人不送。

3. 电线路停电检修要认真执行“四必须”

① 必须核对作业对象，防止错登电杆；
② 必须二人一组，互相监护，交替进行。
③ 必须从低压侧断开与停电设备有关的变压器和电压互感器，防止向停电设备反送电。
④ 正杆时，必须撤离杆上人员，防止杆倒伤人。

4. 登杆作业要做到“两必须”

① 必须在登杆前检查脚扣、安全带完好合格；
② 作业时必须将安全带系在电杆或牢固的构架上。

5. 电力工作“十禁止”

① 禁止查找故障人员走在线路底下；
② 禁止工作人员及导电工具侵入规定的安全距离；
③ 禁止工作人员未接到开工命令就作业；
④ 禁止工作人员未经许可擅自移动或拆除临时遮栏和标示牌；
⑤ 禁止变（配）电室值班人员把已在设备上加锁的钥匙随意交给其他工作人员；
⑥ 禁止在雷电时进行户外倒闸作业和更换保险丝；
⑦ 禁止在电流互感器二次开路的回路上工作；
⑧ 禁止触及接地极断开后的接地封线和设备（含电化区段）；
⑨ 禁止在地面和通道上敷设临时电线或将配线管浮放在地面上；
⑩ 禁止在拆除旧线杆时突然剪断导线或拉线。

二、牵引供电安全工作卡死制度

1. 牵引供电现场作业控制“五必须”、“五禁止”卡死制度

（1）“五必须”

① 宣读工作票必须全体人员在场，做到人人明确作业内容和安全事项；
② 作业前必须认真检查安全、防护用具，做到状态良好；
③ 防护（监护）人员必须明确防护（监护）对象，做好“运统－46”的登（消）记，堵截违章作业；
④ 三级及以上施工项目段领导必须到位督导或指挥；
⑤ 作业组成员必须注意力集中，不准干与作业无关的事。

（2）“五禁止”

① 停电作业无工作票、无调度命令禁止作业；
② 停电作业未设好接地线禁止作业；
③ 作业组无防护、作业人员无监护禁止作业；
④ 倒闸作业无调度命令、不确认开关位置和状态禁止作业；
⑤“运统－46”未按规定登记签认禁止作业。

2. 防止牵引供电人身伤亡“十不准”卡死制度

① 不准无安全合格证参加作业；
② 不准未确认停电就验电接地；

③ 不准未采取等电位措施进行V停作业；
④ 不准不戴安全帽参加作业；
⑤ 不准不系好安全带进行高空作业；
⑥ 不准三人及以上同时在一台车梯上作业；
⑦ 不准高空作业抛掷工具、材料；
⑧ 不准使用不合格或超试验周期的安全用具；
⑨ 不准不瞭望就穿越线路；
⑩ 不准钻车或在车辆下乘凉、坐卧、休息。

3. 轨道（作业）车行车安全“十不准”卡死制度

① 不准工具、备品、证件不全、“三项设备”不良就出车；
② 不准未对车辆进行全面检查就开车；
③ 不准一人单独驾驶轨道车；
④ 不准未确认信号、道岔就开车；
⑤ 不准未对作业车平台、吊车吊臂进行试验就开车；
⑥ 不准酒后开车；
⑦ 不准超速行车；
⑧ 不准开带病车；
⑨ 不准下坡时关闭发动机、空挡溜放；
⑩ 不准采用明火预热发电机。

4. 防止牵引供电轨道（作业）车作业人身伤亡“十不准”卡死制度

① 不准车辆未停稳人员上、下和装卸料具；
② 不准人员在运行的平板车上站立或坐在侧板、端板及连接处；
③ 不准从相邻线路侧的车门上、下人员和装卸料具；
④ 不准工作领导人未宣布开始作业人员就登上工作台；
⑤ 不准在车移动或作业台升降、转向时，人员上、下作业台；
⑥ 不准侵入邻线机车车辆限界及附近带电设备的安全距离；
⑦ 不准未关好工作台防护门就进行作业；
⑧ 不准车辆在移动作业时速度超过10km/h；
⑨ 不准不系好安全带超出防护栅外作业；
⑩ 不准在作业平台未归位、人员未撤离工作台就撤地线消令。

5. 人身安全警示制度

① 发生人身伤亡事故，必须按照“四不放过”的原则将原因、教训、责任、处理考核和防范措施进行到底。

② 铁路局将每年6月份的第一周确定为“人身安全教育宣传周”，各段要将管内有史以来典型的事故案例，以画板或幻灯片的形式，在管内班组巡回展示。供电段应根据各自的安全管理情况和季节性特点，定期开展现身说法或案例宣传，做到警钟长鸣。

③ 各段要将上述各项卡死制度分别制成卡片或警示牌，在工区等公共场合的醒目位置悬挂；轨道（作业）车行车安全“十不准”卡死制度和防止牵引供电轨道（作业）车作业人身伤亡“十不准”卡死制度应在作业车辆的醒目位置悬挂。

第七章　非正常情况下应急处理

第一节　电力设备事故抢修规定

电力设备运行，应贯彻“安全第一，预防为主”的原则，加强设备管理，防止和避免事故的发生。

各基层单位应指定专人负责安全工作，经常开展群众性的安全检查和事故预想活动，消除一切事故隐患。

电力设备事故发生后，应迅速进行处理，限制事故的扩大，尽快恢复供电，并及时逐级上报。

对电力事故的调查、分析、定责和统计管理，实行铁路局、站段、车间三级管理制度。

根据铁路电力事故造成的影响分为：电力设备事故、行车设备故障和人身伤亡事故。本规定只适用于电力设备事故。

一、电力设备事故分类

根据发生的原因，电力设备事故分为以下三类。

① 责任事故：因设备不良、管理不善、操作错误而造成的事故。

② 关系事故：非电力设备管理单位本身造成的事故。

③ 自然灾害事故：因大风、洪水、冰雪、雷击、地震等自然原因造成的事故。

案例 7-1

关于高村桥车站两路电源停电的事故报告

2005 年 10 月 21 日 16 时 51 分至 18 时 14 分，高村桥站自闭、贯通两路停电，影响行车 1 小时 23 分。段于 21 日 22 时 45 分、22 日 18 时两次召开了事故调查分析会议。现将一、事故概况、处理经过、教训及应采取措施汇报如下：

（一）事故概况

1. 事故前高村桥站施工作业情况

10 月 21 日 16:30 分左右，技术科安排变电检修车间远动组职工配合自动化设备有限公司员工处理高村桥站自闭（贯通）电力远动系统 RTU 故障（10 月 16 日该 RTU 因故障已停用）。

16:51 分，自动化设备有限公司员工在更换通讯板过程中，违章作业、带电拔插通讯板，操作失误使 RTU 箱内短路，导致高村桥站自闭（贯通）两路停电。

2. 故障处理情况

16:58分，段调度接淇县电力谢电话：接高村桥站运转室通知，高村桥站行车电源两路无电。段调度要求谢及值班人员去现场处理。

17:02分，段调度通知安阳电力车间调度，要求车间主任带队赶赴故障现场。

17:03分，段调度落实淇县、安阳两配电所自闭、贯通高压供电均正常。

17:09分，段调度通知副段长、安全副科长、技术科长等赶赴现场。

17:24分，淇县电力工区、到达高村桥车站，并开始按程序检查自闭、贯通电力设备。

17:39分，段调度通知段长。

17:40分，淇县电力工区发现：高村桥站箱变贯通、自闭电源高、低压熔断器均熔断，二人随即将此情况报告了段调度。段调度通知淇县电力拉开高村桥站贯通2#杆T接高压保险，并检查更换箱变贯通高、低压保险。

18:14分，高村桥站贯通高、低压保险更换完毕，并恢复贯通正常供电。高村桥站行车供电恢复正常。

（二）原因分析

事故发生后，局机务处副处长、科长及郑州办事处安全监察及时赶赴现场，组织并参与事故调查处理和分析，分析认定造成事故的直接原因是：

南京恒星自动化设备有限公司在更换高村桥站RTU控制箱内通讯板时，违章作业、带电拔插通讯板，操作失误使RTU箱内自闭、贯通电压采集线插头处短路，并先后造成该站自闭低压保险熔断一相、高压保险熔断两相，贯通低压保险熔断两相、高压保险熔断一相，导致高村桥站自闭、贯通两路停电。

（三）措施

此次事故严重干扰了京广线正常的运输秩序，教训极为深刻。本着“眼睛向内”、按照“四不放过”的原则，分析存在问题及采取措施如下：

① 零小施工管理卡控不细。段电力技术科在安排施工时，预想不够，只有变检车间远动组一名职工配合厂家施工，且对自己的具体配合任务和责任不清；段电力技术科及设备所辖电力车间没有派人参加，导致施工过程监控存在漏洞，厂家的违规操作没有得到及时制止，也是发生事故的原因之一。

② 施工安排不妥当、预想不周密。技术科主管人员没有通过变检车间、而是直接安排该车间远动组职工配合此次厂家施工，且对牵涉电力远动设备的类似施工没有制订完善的故障处理预案，也没有进行认真全面的施工预想。

③ 信息反馈不畅。变电检修车间现场配合人员对事故抢修信息反馈程序不清，使故障原因、现场情况等有关信息没有及时向段调度反馈，且没有主动及时向赶到事故现场的段领导及事故处理人员反映情况；电力抢修人员与现场施工人员沟通不及时；段调度没有在第一时间将故障情况报主管领导，造成抢修工作一定程度的被动。

④ 事故处理程序有待于进一步完善。对于已知的明显故障，应该首先检查箱变内设备，不应机械执行电力抢修有关“首先测量分界点电压”的规定。

⑤ 电力设备运行技术设置有待于完善。如箱变内高压保险熔断一相情况下高压负荷开关的自动分断、高压保险是否只应起短路保护（过负荷不应熔断）等技术问题需要进一步研究和改进。

⑥ 段对电力远动设备的检修作业程序不完善，段将组织修订检修作业程序及事故预案，以正式文件下发，并组织相关干部职工认真学习和掌握。

⑦ 进一步加强施工控制，严格落实段零小施工控制办法，全面预想，并安排得力胜任人员参加施工（配合），尤其对电力远动系统的施工，应制订出完善的检修、保养程序和制度。

⑧ 加强事故抢修管理。进一步完善段事故抢修预案，尤其涉及多部门、多工种、多项设备的故障抢修，应全面完善；故障抢修中加强段调度与领导、参加抢修各部门不同人员之间的信息相互反馈和沟通，尽量压缩故障停电时间；加强事故演练及故障抢修考核，同时强化职工业务知识、尤其是涉及电力远动等高科技设备的技术培训，不断提高人员的事故抢修意识和干部、职工综合应急应变能力。

⑨ 组织各电力车间对行车重要负荷进行一次全面的调查统计，并要求相关科室、车间及班组有关人员要熟悉其基本情况。

⑩ 段组织相关部门人员召开事故扩大分析会，落实处理相关责任人，并将此次故障通报全段，吸取教训。

⑪ 经段领导研究对此次事故有关部门、人员的处理如下。

- 变电检修车间配合施工、监控不力，对事故负有主要责任。列其责任行车一般事故一件；扣除该车间主任、书记 3 个月安全综合奖；施工配合人员下岗半年。
- 电力技术科施工安排不当，对此次事故负有重要责任。给予电力技术科主管技术人员戒免三个月，扣除电力技术科长三个月综合奖，扣除主管副段长一个月综合奖。
- 车间在事故抢修组织上有待于进一步加强，故障影响停电时间较长，在全段给予通报批评。

案例 7-2

淇县站道岔电源无电的专题分析报告

（一）事故概况

2005 年 4 月 10 日，安阳电力车间按段 320 号电报，并根据 4—8 号工作票停电检修高村桥—淇县 1#—162#号 10kV 贯通电力线路。

9 时 50 分左右，淇县电力谢、晋二人按检修要求在赶往淇县站贯通 175#开关拉开开关、途经淇县站站台中部时遇到了淇县车站书记，刘边走边向二人说：“一会儿去看看你们的设备有没有问题。”

9 时 59 分，谢、晋二人通过对讲机按照安阳电力车间主任通知，断开了淇县贯通 175#开关，并开始返回。

10 时 25 分左右，在车站运转室的谢××接淇县电务工区人员通知：盘上道岔电源两路无电。谢、晋二人随即返回车站箱变处。

10 时 28 分左右，谢、晋二人赶到车站箱变处开始检查，发现自闭、贯通道岔电源低压空气开关全部处于断开位置。

10 时 30 分左右，谢恢复自闭、贯通低压空气开关，淇县两路道岔电源恢复正常供电。随后在淇县车站值班员要求下，段淇县电力谢××与工务人员一起盲目对运统—17 进行了补填。

（二）原因分析

① 淇县站箱变由局统一定制，自2004年11月13日正式投入运行。该箱变共有自闭、贯通两路电源分别为淇县站信号、道岔电源及DMIS提供两路电源（一主一备）。自闭、贯通道岔电源低压空气开关额定电流为32A（道岔正常转换产生的工作电流约为12A）。

② 因4月9日有专运，上午9时50分至10时06分淇县电力对淇县箱变进行了检查，一切正常。

③ 10日10时28分左右，谢、晋对该箱变进行故障检查结果：自闭、贯通道岔电源低压空气开关全部处于断开位置。期间，信号、DMIS供电一直正常。

④ 10日17时05分，段电力调度张×接电务调度王×通知：配合电务处理道岔设备故障。段电力调度张×通知淇县电力工区工长李×配合。18时30分段电力调度张×接淇县电力工长李报：配合电务处理道岔故障时又引起淇县自闭道岔电源低压空气开关跳闸。18时35分，淇县电力工区李×恢复淇县自闭道岔电源供电。

综上所述，淇县站两路道岔电源无电系道岔设备故障导致自闭、贯通道岔电源空气开关跳闸。

（段安阳电力车间对淇县—高村桥贯通检修开工时间为：10时23分，完工时间：13时35分。）

（三）措施

① 职工安全意识淡薄，抢通意识较差，责任心不强。突出表现在以下几方面。

一是淇县电力谢××、晋××在得到故障信息后，既不到行车室核实，也不检查电力设备，而是在执行正常检修安排（拉开淇县贯通175#开关）后，才赶到箱变和行车室进行故障查找处理。

二是谢、晋二人在没有认真检查箱变运行情况下，其中一人即赶到行车室，留在箱变处的另一人，不积极、认真仔细检查设备，不看道岔电源等各电源运行指示灯，不查看箱变内各低压开关状态等，更不测量，而是被动消极等待，人为延长了故障查找时间。

三是在安阳车间有关人员在得知故障处理情况后的第一时间内，没有认识到问题的严重性，既不向调度主动汇报，也不认真询问职工现场具体处理经过等详细情况，更没有组织有关人员进行分析，从而使段在后期故障调查汇报、分析和处理中面临比较被动的局面，受到上级有关领导的批评。

② 安全规章制度学习不深入、贯彻落实不力。个别电力职工甚至包括车间管理人员、工区工长等对电力事故处理原则、事故信息反馈汇报程序、运统—17登记等安全规章制度不熟悉，即使对已经掌握的规章制度也不能够严格贯彻执行，导致规章制度形同虚设，使故障处理过程混乱，违章违纪大量存在。表现在以下几方面。

一是事故处理过程中不按要求及时反馈故障（包括故障处理处理）信息。电力职工在得到故障信息、进行故障处理、故障处理完毕等整个过程中，均不向车间、段调度如实、及时汇报，导致段调度及有关领导不能及时掌握现场情况，为故障分析、及时向上级有关部门领导汇报电力情况等人为地设置了障碍。

二是违反电力事故处理原则，不按规定检查设备。电力故障处理人员在得到“电务盘上道岔电源两路无电”的信息后，没有按照电力事故处理原则（首先测量分界点电压，两路均无电时，再检查变压器、高低压保险、开关等设备）检查测量，而是直接到箱变处检查。

三是擅自动合行车设备开关。电力人员检查中发现两路道岔电源开关跳闸后，不检查不汇报，且在段调度、车间均不知情、没有命令的情况下，擅自做主合上道岔电源开关，严重威胁设备和人身安全。

四是严重违反运统—17 登记、消记规定，对运统—17 登、消记不严肃。淇县电力谢在车站值班员严重违反有关规定补填运统—17. 要求电力进行消记时，首先是盲目消记，忽略“接到通知、被通知部门到达时间”真实性，既没有在车站值班员填写的时间点（9 时 34 分）接到通知、也没有在值班员填写的时间点（9 时 37 分）到达的情况下，极其不负责任的签了名，消了记。其次是明知箱变中发生了两路道岔电源低压开关跳闸，却不在运统—17 中如实填写，而是填上“电力设备运行正常”。再次是谢××还在另一页运统—17 上登记填写，但是填写内容竟然全不清楚。

此外，在 4 月 10 日下午 17 时 05 分～18 时 35 分及 4 月 11 日上午 10 时 18 分-21 分，尽管有调度同意配合的命令，但是在对方没有登记运统—17 的情况下，不向调度汇报、且不问电务试验人员姓名，即擅自连续两次配合对方进行试验；试验中，多次反复顶掉自闭、贯通道岔电源，且在发现有顶掉电源不能合闸的情况时，仍然不询问电务试验人员姓名、不做正规记录、不让对方签认。可见安全防护、责任意识极差，没有意识到其行为对该起事故后期分析可能带来危害。

③ 职工业务技术素质不高。表现在：淇县箱变检查人员只凭看到“自闭运行指示灯亮”就简单判定箱变内所有电力设备运行正常。说明职工对箱变基本结构、工作原理根本不清楚，故障时怎么处理也心中无数，以至于检查箱变时不知道该检查哪些部分，从而没有及时发现“道岔电源指示灯熄灭”这一重要事实，这也是导致道岔电源没有在最短时间内得到恢复的一个重要原因。

④ 基础管理薄弱。表现在：一是故障处理过程中的大部分关键时间参与现场故障处理的人员含糊不清，均凭回忆，不利于故障的分析。二是箱变运行没有记录，对设备运行中曾经出现的问题仅靠回忆。

关于规范电力事故、故障信息汇报程序的通知

事故、故障现场所有的信息都是对事故、故障查找、抢修决策的重要依据，为杜绝设备故障影响范围、性质的扩大，最短时间内压缩事故、故障停时，确保供电安全畅通，特制订本办法。

① 各事故、故障抢修组在接到事故、故障信息后，应立即将故障跳闸时间、地点、接到故障通知时间、抢修人员出动（到达）时间、故障点找到时间、故障原因、恢复供电时间等信息内容做详细记录，并向段调度进行汇报，按规定及时组织人员进行故障查找和抢修。事故、故障抢修人员出动白天不超过 10 分钟，夜间不超过 15 分钟。

② 各配电所、工区人员发现设备故障时，要立即向段电力调度、车间进行报告，影响行车时，要采取果断措施，迅速处理。

③ 段电力调度接到上级或其他部门有关行车设备故障信息时，应及时通知有关车间、班组进行故障处理，并及时通知段有关领导及有关科室负责人。

④ 电力工区接到车务、电务部门通知时，应问明故障情况，立即向段电力调度、车

间负责人报告，并迅速到现场检查处理，处理完毕后，经核对无误后在信息发出车站的运统-17上进行消记。现场处理人员，应将处理情况向段电力调度、车间及时报告。

⑤ 故障处理完毕要按照《事故、故障分析制度》找出原因、教训、制定防止措施，并在12小时内向段提出书面报告。

⑥ 当设备检修与事故、故障同时发生时，应本着“事故抢修第一”的原则，先进行设备抢修，恢复正常供电后，再进行设备检修。

⑦ 凡事故、故障信息，车间、班组要在第一时间内通知段电力调度，逾期不报或上级进行核实视为车间瞒报，将根据有关规定严肃处理。

⑧ 安全科要及时调查收集故障情况，并向段领导汇报后上报路局。

⑨ 发生其他故障按表7-1进行上报。

表7-1　电力故障信息处理程序

序号	类　别	处理程序	要求事项
1	自闭、贯通跳闸送不上电	配电所→段调→段领导→局调→安全、技术→车调→车间干部	段调负责处理，处理完向局调汇报
2	调度所通知段调车站无电或电力设备异常	段调→车调→车间干部→工区→段领导→安全、技术	段调负责处理，是电力原因时，处理完向局调汇报
3	电务段、车站通知车站无电或电力设备异常	工区→车调→车间干部→段调→段领导→安全、技术	段调负责处理，是电力原因时，处理完向局调汇报
4	自闭、贯通高压接地	配电所→车调→车间干部→段调→段领导→安全、技术	段调负责处理
5	配电所电源停电	配电所→段调→段领导→安全、技术→车调→车间干部	本项主要指非计划停电，适当时向路局备案
6	其他部门要求车间、工区配合	车间(班组)→段调	段调负责处理
7	低压照明设备停电	工区→车调→车间干部→段调	车间负责处理

案例 7-3

关于车站二路电源停电的事故报告

(一) 事故概况

0时10分长北配电所李某报小贯通速断跳闸顶掉调压器，0时12分送调压器试送小贯通成功。

0时40分段调度张某接分局调度所徐某通知，长治车站电务设备有问题，要求电力工区配合处理。

0时42分段调度张某通知长治电力工区田配合处理，田某讲已接车站通知刚检查完现场。

田某汇报现场情况为：

① 信号机械室二路电源闸刀上端子无电，闸刀内烧黑保险烧断，但一路电源正常；

② 二路电源变压器配电箱内三相60A保险烧断，A相避雷器击穿一个。

段调度张某通知田某迅速检查设备，尽快恢复二路电源。

2时05分，长治田某汇报配电箱至机械室低压电缆不通，调度通知值班人员采取紧急处理措施。

4时40分，长治田某汇报已从混合电源临时恢复二路供电。

至此长治信号恢复两路电源供电。

（二）原因分析

① 长治车站二路电源与大辛庄、小宋三站均由长北配电所小贯通供电，该小贯通与邯长线东贯通为同一调压器供电，瞬间跳闸后2分钟就恢复了高压供电。长治停电事故发生期间，其他线、站高低压设备均无异常，且当夜无雷雨现象，故排除了高压线上雷击或地方高电压搭接造成外部电压侵入现象。

② 低压电缆为VLV29-3×35+1×16，额定电流为92A。配电箱60A保险与机械室分界箱电务60A保险均为铅熔丝，根据铅熔丝特性，60A熔丝熔断电流为120A，在1.3倍额定电流（78A）时一小时不熔断，电缆烧断及三相保险同时烧黑爆断现象只有在负荷侧发生三相强电流短路时才可能发生。

③ 变压器一、二次变比为25，即一次侧电压是二次侧电压的25倍。变压器一次A相避雷器击穿是因为低压短路时，变压器二次保险熔断瞬间电压波动反映到一次侧瞬间电压过高所致。

④ 如系电缆故障只能造成配电箱熔丝熔断及电源方向上一级开关动作；如系电源侧高电压瞬间侵入保险有可能爆但瞬间空气开关端子不会焊死。

⑤ 事故期间电力部分一路电源始终供电正常，DMIS电源正常时由一路电源供电，DMIS箱二路保险、接触器、仪表等电器正常也反证二路电源无高电压侵入。DMIS箱一路保险烧坏分析应为电务电源切换至一路时，故障设备引起电务一路保险熔断时瞬间过电压烧坏UPS设备所至（图7-1）。

根据上述分析，该次事故的发生应为负荷侧设备原因所致，可能为部分设备绝缘不好或接触不良引起电器长时间发热造成短路，继而引发各级闸刀保险相继发生弧光强电流短路。

（三）措施

目前正值全局开展查问题，灭隐患，整作风，严两纪，坚决打好冬春运安全攻坚战，夺取安全年和安全生产900天的关键时期，出现了这次故障，虽然直接原因不在供电段，但在事故处理当中也暴露出一些问题，平时一再强调事故处理过程中的信息畅通，但这次事故处理当中所发生的故障情况迟迟不能得到及时反馈，也反映出有的职工还存在只要有一路电源供电、二路电源有问题可以慢慢处理的安全意识不强、信息反馈不及时等现象，造成比较恶劣的影响，对此，本着事故处理“三不放过”的原则，要眼睛向内深刻查找安全管理上存在的问题。

① 目前已进入冬季并即将进入冬春运期，必须对水电设备尤其是有关行车的设备加强巡视，及时发现和解决设备上出现的问题。

② 要求各车间要进一步完善事故抢修预案和事故抢修组织，对事故抢险用料及机具、备品加强检查，保持齐全并状态良好。同时要牢固树立“安全第一”思想，强化干部作风和逐级负责制，增强抢通意识和责任意识，遇到事故要迅速出动，赶赴事故现场，积极排除故障。

③ 认真开展“查问题、灭隐患、整作风、严两纪、保安全”活动，对设备上存在的问题认真检查，限期整改，逐项销号，不断巩固专项整治成果，确保春运安全。

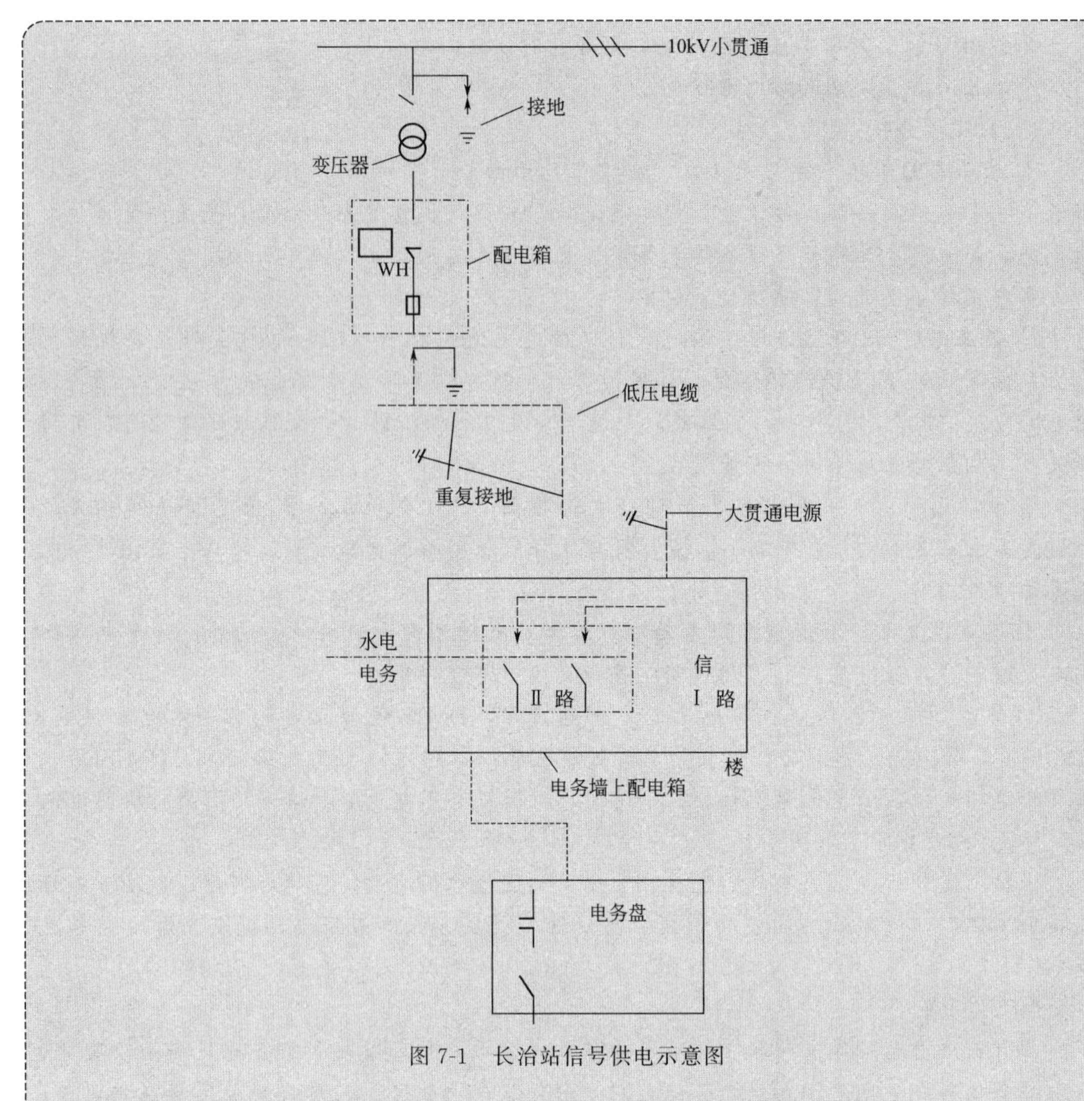

图 7-1 长治站信号供电示意图

④ 要进一步增强干部职工的安全意识和责任意识，事故处理中要及时反馈有关事故状况及处理进度，确保信息畅通。

⑤ 定长北电力车间事故障碍一件，并按段《行车安全动态考核办法》和段 2003 年 1 号文件有关规定进行考核并予以处罚。

⑥ 把此次事故处理情况通报全段，使全体干部职工认真吸取教训。

二、电力设备事故等级划分

按照事故性质、损失程度和对行车的影响，电力设备事故分为重大、较大、一般、故障四个等级。

1. 重大事故

① 发电设备容量在 500kW 及以上，或变压器容量在 2000kV·A 及以上，破损达到大修程度者。

② 设备损坏修复费用达到 50 万元及以上者。

③ 地区配电所全所停电达 24h 及以上者。

④ 自动闭塞供电臂停电 8h 及以上者。

2. 较大事故

① 发电设备容量在 100kW 及以上，或变压器容量在 315kV·A 及以上，破损达到大修程度者。

② 设备损坏修复费用达到 10 万元及以上者。

③ 地区配电所全所停电达 8h 及以上者。

④ 对一级负荷停止供电 4h 及以上者；对二级负荷停止供电 8h 及以上者。

3. 一般事故

① 发电设备容量在 5kW 及以上，或变压器容量在 10kV·A 及以上，破损达到大修程度者。

② 设备损坏修复费用达到 2000 元及以上者。

③ 停止供电时间分别达到：对一级负荷停电 2h 及以上；对二级负荷停电 4h 以上；对三级负荷停电 24h 以上。

4. 故障

① 各种电力设备，包括附属设备仪表，损坏修复费用在 2000 元以下者。

② 凡主电源停电，而备用电源或重合闸因装置不良不能即时投入运行者。

③ 在检修作业中，带电挂地线或带地线送电造成跳闸者（造成设备烧损，停时增加，按本文有关规定定责）。

④ 单相接地故障时间超过运行规定未消除者。

⑤ 未经同期检查就盲目进行并列操作，造成断路器跳闸者。

⑥ 由于人员错误操作，违反安全规程或影响安全供电，性质较为严重者。

⑦ 远动设备发生数据采集传输、录波、图形显示、曲线显示、报警以及功能设置异常情况，影响正常使用者。

⑧ 发、变、配电设备及电力线路，在备用状态发生异常情况，停止备用时间超过 24h 及以上者。

⑨ 远动设备设备发生异常，影响故障处理使用者。

三、电力事故的抢修

1. 电力事故处理原则

电力事故发生后，首先需查找故障点并将故障点切除，恢复信号供电，维持正常运输秩序，然后进行修复。

2. 电力工区值班

电力工区应日夜 24h 值班，节假日按规定设置值班人员；值班人员以不少于 2 人为宜。

3. 事故抢修备品备件配备

配置事故抢修备品备件原则：应能满足事故抢修时的需要，如照明、通信、交通工具和生活用品。对备品备件应定期进行检查，保持备品备件的状态良好。

4. 电力工人在事故抢修时必须携带的备品备件

①令克棒；②脚爬；③腰带；④万用表；⑤通讯工具；⑥其他必要的工具材料。

四、故障处理

1. 发生在邻段或邻分局之间的线路上的故障的处理

故障发生在邻段或邻分局之间的线路上时，应通过上一级电力调度下达命令，首先拉开分界处开关或电力工区所在地就近开关，分别试送电以判明故障点。

2. 区间信号点和车站信号灭灯故障的处理

区间信号点和车站信号灭灯时，电力工接到通知后，应迅速赶到现场，在（供电段与电务段）分界点测试有无电压，如分界点无电压，则说明故障发生在供电段管辖的设备上，应尽快查找处理。如分界点电压正常，抢修人员不得乱动电力设备，应做好记录并尽快向段调度报告；如此时电务人员在场，可将测试结果向电务人员出示。

3. 配电所馈出柜开关跳闸自投不成功故障的处理

配电所馈出柜开关跳闸后，值班人员应首先判明跳闸类别（过流、速断、失压），在确认配电所内无故障且对方所自投、本所重合均不成功时，应立即向上级（领工区或车间、段调度）报告。

4. 配电所自闭（贯通柜）故障的处理

当判明自闭（贯通）母线有电，而配电所自闭（贯通）柜发生故障的情况下，应立即向上级（领工区或车间、段调度）报告，尽快进行检修。

案例 7-4

秦××触电重伤事故

（一）事故概况

1979 年 6 月 24 日 8 点，段试验班到洛阳折返段配电所，调试东配一和东配二高压开关柜，由于外线倒闭作业未进行完毕，他们就利用倒闸作业的空隙调试副电源开关柜。工长任××与配电所值班员王××按规定办理了副电调试工作票，票上写明：工作票签发人和工作领导人任××，工作执行人秦××等以及应采取的安全措施。配电值班员进行停电操作后，在副电源柜后进线端加了一组接地封线，工作票上填写了已采取安全措施和许可开工时间后，就开始调试副电源油开关，调试完毕后，任××同作业人员一起拆除了副电柜接地封线，任××、秦××和所有工作组员都在开关柜前面站着，秦××离副电柜较近，此时，王××问任××：“工作完了吗”任答“完了”，王问：“封线拆了吗?”任答“拆了”，王又问：“送电吧?”任答：“送吧”。王××就走到室外去合副电源 1 号杆上的隔离开关，任也跟着出去了。此时，秦××又伸手去检查副电柜内连接螺丝，她触摸了 A 相和 B 相，没有发现问题，当触摸到 C 相时，王××已合上了 1 号杆的隔离开关，10kV 的副电源已送入副电柜内，造成秦××同志高压触电烧成重伤。

（二）原因分析

段试验班去洛阳折返段配电所的主要任务是调试东配一和东配二高压开关柜，趁倒闸作业空隙调试副电源开关柜是临时决定的任务，履行签发了高压停电作业票，在作业前和工作结束送电时违反了铁路电力安全规程 103 号中第 17 条、第 32 条之规定，是造成这次事故的主要原因。

（三）措施

当天，作业前工作领导人未能严肃地将工作票内容向工作组员进行宣读，未能使工作执行人和全体工作组员清楚自己的工作内容及所采取的安全措施，工作执行人及组员对作业内容不清，职责不明，是造成这次事故的重要原因。工作结束后，配电所值班员未能严格执行送电制度，由工作执行人通知工作许可人撤除接地封线，摘下标示牌，然后再合闸送电。当天是由工作许可人与工作领导人呼唤应答，认为组员和工作执行人都在场，能够听到，是造成这次事故的直接原因。

案例 7-5

郭××触电死亡事故

（一）事故概况

1986 年 7 月 16 日，巩县供电局人员在我段设备上施工时，未按规定办理有关手续，电力工区值班员未向段和领工区汇报即同意施工。由于值班人员设备不熟悉，停电不彻底，施工人员又未挂接地封线，造成电线路电源反送电，使灯塔上作业的供电局人员郭××当场触电，监护人员又取措施不力，致使郭××死亡。

（二）原因分析

首先，铁路电力安全工作规程 103 号中第 19 条规定：“施工单位在水电段管辖的电力设备上施工时，应向水电段有关的电力工区或变配电所办理工作票手续”。第 33 条规定：“在全部停电作业和邻近带电作业，必须完成下列安全措施即：停电、检电、接地封线、悬挂标示牌及设防护物”。巩县供电局人员施工时违反了以上两规定，有章不循，轻信熟人是造成这次事故的主要原因。

其次，巩县电力工区值班员不向段、领工区汇报，又不给巩县供电局施工办理工作票，同时，停电不彻底是造成这次死亡的重要原因。

（三）措施

严格执行安全规程。

1. 一路电源失压母联拒动的故障处理

配电所两路电源分段运行，当一路电源失压母联拒动时，应立即向上级（领工区或车间、段调度）报告，尽快进行处理。

2. 关于故障设备处理时间的规定

配电所自闭（贯通）调压器故障退出运行进行检修时，应在故障发生后 48h 内更换好。自闭（贯通）线路不允许长期开口运行，架空电力线路发生故障一般应在 48h 内处理完毕，恢复正常运行方式；电缆电力线路发生故障一般应在 72h 内处理完毕恢复正常运行方式；实施越区供电后一般应在 24h 内恢复正常运行方式。

3. 故障查找程序

（1）配电所自闭馈出开关跳闸：对方自投、本所重合均不成功时，应按如下程序进行处理：

① 在两所中间（局或分局分界处）拉开线路开关；

② 两端试送电，一端首先试送电成功，另一端再拉开线路隔离开关试送；

③ 最后确定故障区段，找出故障区段后，进行处理。

(2) 自闭（贯通）线路发生接地故障时：按下列程序进行处理（安装接地故障自动检测设备的区段除外）：

① 判断接地性质；

② 拉开中间隔离开关判定接地侧；

③ 接地侧逐段倒闸判定；

④ 在判定的接地区段查找到故障点并及时进行处理。

(3) 信号点故障时，应按下列程序进行处理：

① 测量分界点（杆上电缆盒）中有无交流电压；

② 如电压正常，不准动电力设备，做好记录，尽快通知电务人员；

③ 分界点无交流电压，检查低压互供箱、信号变压器等设备，迅速恢复供电。

(4) 车站信号故障时，应按下列程序进行处理：

① 测量分界点两路电压是否正常；

② 若有一路电压正常，通知电务开通电气集中；

③ 两路均无电时，应检查变压器、接触器等设备；

④ 因检修或事故处理，当更换或改接引线时，应确认引入信号设备二路电源相位应一致。

4. 信息处理

① 信息处理的基本要求：电力设备抢修时，信息反馈必须及时、准确，尽快将故障跳闸时间、信号点灭灯通知时间、抢修人员出动和到达时间、故障点找到的时间、故障原因、恢复供电时间等信息内容向电力调度逐级上报。

② 配电所值班人员、电力工区巡检人员发现故障时，应立即向上级（领工区或车间负责人、段调度）汇报，同时尽快处理。

③ 电力工区接到车务、电务部门直接通知时，应问明故障情况，立即向上级（领工区或车间负责人、段调度）报告，并迅速到现场检查处理。处理时应将处理情况及时向上级（领工区或车间负责人、段调度）报告。

案例 7-6

关于5月21日南陈铺车站信号停电的事故分析

（一）事故概况

5月21日9:53，因山西省泽郑县东板桥村拆除10kV农电电力线路，断线搭在了南陈铺—北坂桥区间贯通线路上（138#至139#杆上方），造成晋北配电所北贯通线路速断跳闸，南陈铺车站信号一路电源瞬间停电（二路电源供电正常）。

故障发生后，我段迅速组织有关人员进行抢险，并对事故进行了分析，现将事故分析情况报告如下：

2007年5月21日9:38分，晋北配电所北贯通显示接地故障，晋北配电所值班员通知段调度。

9:45，车间及时派车及电力工区人员进行查找。

9:53，晋北配电所北贯通线路速断跳闸。高平南贯通备投成功后显示接地。

10:11，正在南陈铺车站巡视设备的高平电力工区陈××、郭××二人接到车站值班人员的故障处理通知，立即检查电力设备，测量一路、二路电源电压，此时均供电正常。(9:53高平南贯通备投成功后，南陈铺车站一路电源就已恢复，二路电源一直正常供电)。

11:37，电力抢修人员发现东板桥村拆除农电10kV电力线路，断线搭在了南陈铺—北坂桥区间贯通线路138#—139#杆上方。

11:38断开板桥—东元庆1#杆，晋北自投送电到东元庆1#杆。

11:40断开板桥—南陈铺128#杆。

经过处理12:07分消除故障，恢复贯通线路正常供电。

（二）原因分析

① 东板桥村10kV电力线路断线搭在了南陈铺—北坂桥间贯通线路138#至139#杆上造成贯通线路速断跳闸，南陈铺车站信号一路电源瞬间停电。

② 南陈铺车站信号电源电务设备由一路向二路瞬间转换不成功。

（三）措施

① 加大对电力线路附近铁路和电力设施安全的宣传力度，减少外界对电力设备运行的干扰。

② 加强对自闭贯通电力设备的巡视，发现异常及时处理。

③ 加强提速调图期间的安全管理，加强值班，做好事故抢修应急工作。

第二节 接触网事故抢修规定

一、事故应急救援原则

① 各救援列车、接触网抢修列车及接触网工区，必须按规定配齐交通事故救援的各种工具、材料，每月进行一次检查，确保设备、工具性能、状态良好。

② 供电段的每个接触网工区必须有一个作业组的人员（至少12人）在工区24小时值班，并随时处于待发状态。

二、事故救援准备工作

① 供电调度接到事故通报后，必须立即了解有关事故概况、供电设备影响范围、设备损坏情况，以及是否出动接触网抢修列车，指派专人到行调台协助进行事故救援指挥，并及时通知供电段和接触网工区组织人员出动（白天15min、夜间20min内），迅速赶赴事故现场。若需出动接触网抢修列车时，应以调度命令为准。

② 供电段事故救援抢修人员到达事故现场后，应立即组织人员全面了解事故范围和设备损坏情况，按规定设置防护，采取有关安全措施，并向现场事故抢修指挥部汇报接触网损坏情况，请示事故救援起复方案及接触网拆除范围，及时组织实施，为事故救援起复提供条件。

③ 事故救援需接触网停电时，供电部门救援抢修人员在救援起复前必须按规定办理接

触网停电作业手续，断开有关牵引变电所、开闭所的有关断路器和隔离开关，断开与事故现场接触网相连的隔离开关并按规定安设接地线。

三、接触网事故救援有关规定

① 在救援列车到达现场后，救援列车主任要尽快提出救援。

② 在制定网下事故救援方案时，供电部门现场负责人必须参加。事故现场需接触网停电时，救援列车主任必须讲明事故救援须接触网停电的区域，由事故现场供电负责人向供电调度提出申请。供电调度员确定停电范围后，应立即与列车调度员联系，并商定停电时间，办理手续，下达命令。停电后通知事故现场供电负责人，由供电负责人负责验电并实施接地封线后，方准起复作业，供电部门应指派专人监护。

③ 使用轨道起重机救援时，必须严格执行部、局有关人身安全的各项规定。

• 轨道起重机作业范围距接触网带电部分不足3m时，必须等接触网停电并接好临时地线后方可作业。

• 轨道起重机作业范围距接触网3m以上时，接触网可不停电，但必须有接触网工或经过专门训练的人员在场监护，以防触电。

• 救援作业必须在拆除接触网时，满足作业要求的前提下，应选择拆网工作量最小又易恢复的方案。一般情况下拆网范围为发生事故车辆的两端各加50m。

• 接触网线索张力大，截断时危险性大，并将扩大事故范围，延缓事故救援和恢复时间，原则上不允许。必须截断线索时，应经现场指挥部批准。截断线索前必须释放张力，避免伤人及扩大事故范围。恢复后，锚段内线索接头和补强数量超过规定时，应安排大修更换。

④ 救援列车应配备《行车设备检查登记簿》，当需供电设备停电时，供电部门办完停电手续后，通知救援列车并在救援列车上配备的《行车设备检查登记簿》上登记，救援列车主任应签认（注明时间、姓名），方可起吊作业。

⑤ 机车、车辆脱线，车轮距基本轨不超过240mm时，可采取拉复方法进行起复，一般不需拆除接触网。电化区段的隧道内、桥梁上发生事故，原则上采取拉复和顶复的办法起复机车、车辆，可不拆除接触网。

⑥ 采取邻线救援起吊作业，均需拆、拨上下行线路的接触网。采取单线起吊作业，只拆、拨作业线的接触网。当起吊过程中需要邻线停电时，可按临时要点停电办理。

⑦ 轨道起重机能直接吊复事故机车、车辆时可不回转，若因吊臂平车在前影响吊复作业时，应及时将吊臂平车甩掉或将吊臂转向，从事故车辆的另一端进行吊复。

⑧ 轨道起重机与吊臂平车分离时，必须在无网线路上进行（伸缩臂起重机除外）。若在网下分离时，必须在拆、拨接触网后，方准进行摘挂作业。

⑨ 接触网停电作业时，供电部门必须将停电命令号码和停电时间抄知救援列车主任并做好防护工作；送电前必须征得救援列车主任同意后方可送电。

四、救援起复后恢复设备的规定

① 救援起复作业完毕，由事故现场指挥部直接通知供电、工务、电务等部门恢复各自设备，尽快开通线路。

② 供电部门在起复事故列车的同时，尽可能提前做好接触网恢复的准备工作，即在不

影响起重机作业的前提下，安装设备，待轨道起重机作业完毕后，迅速恢复接触网的正常状态。

③ 当供电设备损坏较严重，一时难以恢复，可采用设置无电区、越区供电、降弓运行等措施，尽快恢复行车。必要时可请求调度所限制列车对数或减吨运行。采取临时措施供电时间一般不应超过 24h，调度所要尽快安排接触网停电恢复时间。

④ 工务、电务等部门恢复设备，需要接触网停电时，按《行规》规定，各自申请办理停电手续。

第三节　设备应急处理

一、变压器

变压器是将高电压（低电压）转换成为低电压（高电压）、传递能量的电气设备。变压器种类繁多，按工作状况可分为单相变压器、三相变压器、调压器；按线圈材质可分为铜线圈和铝线圈两种变压器；按铁芯材质可分为冷轧硅钢片和热轧硅钢片两种。铁路电力系统一般所用变压器为降压变压器。

变压器是铁路电力系统的关键设备之一。在运行中要求变压器音响正常并且无杂音，无严重漏油，油位及油色无异常现象，变压器的油温不超过允许值，变压器高低压套管无放电现象，外壳接地良好等。变压器的故障一般有：电路、磁路、绝缘油、分接（有载、无载）开关等的故障。现对现场常见的变压器故障的现象、原因及应急处理办法叙述如下：

① 变压器音响不正常；

② 变压器严重漏油、缺油；

③ 变压器着火。变压器着火后，首先应迅速切断电源，然后进行灭火；

④ 变压器引线故障：引线连接不良；引线对油箱（地）放电；

⑤ 变压器套管故障；

⑥ 变压器轻瓦斯保护动作的应急处理；

⑦ 变压器重瓦斯保护动作的应急处理。

（1）变压器在下列情况下可以合闸送电

① 变压器装有两种保护：瓦斯保护和差动保护。运行中的变压器开关跳闸只是由于一种保护动作所为，另一种保护没有动作，而变压器本身并没有明显的故障现象，加之变压器的断开已经影响了对用户，特别是重要用户的供电，则允许将变压器再投入一次。

② 经检查变压器外部正常，内部气体为空气，重瓦斯保护动作的原因已经清楚，变压器可不经内部检查即可投入运行。

③ 若变压器装有瞬时过电流保护或者差动保护时，可将瓦斯保护退出，然后将变压器投入运行。如果变压器没有瞬时过电流保护或差动保护，瓦斯保护也不能用，应将故障原因查明并消除后才允许投入变压器。

（2）变压器有下列情况之一时不准合闸送电

① 气体可燃而又未对变压器进行内部检查。

② 发现一种外部异常现象而又未对变压器进行内部检查。

案例 7-7

"2.13"长治变电所全所停电故障

（一）事故概况

2月13日0:40:09长治变222跳闸，重成，0:40:12长治变222跳闸，重合失败；0:48强送222失败，同时引起长治变1#主变重瓦斯保护动作，201A、B、101DL跳闸，全所停电。1:04长治变恢复送电。1:06长治变211.213.224恢复送电。

长治变全所停电16分。长治—小宋上行停电116分钟。造成1#主变二次绕组绝缘破坏，退出运行（主变更换）。

（二）原因分析

跳闸的直接原因是新机SS4-0055A机车误入长治站14道无网区，机车脱弓刮网，造成长治变222跳闸。因该变压器已运行23年，老化严重，短时间受到三次近端大电流冲击，造成其二次绕组绝缘破坏，变压器油剧烈膨胀，引发重瓦斯动作跳闸，导致全所停电。

（三）措施

虽然此次故障系由于机车原因造成，但在处理过程中暴露出值班人员平时应急处置、预想不足。网上有故障，引起主变重瓦斯保护动作，首先应采取尽快倒切主变，恢复送电措施，而没必要花费7分钟时间去巡视高压室设备。

二、断路器非正常时的应急处理办法

断路器是变配电所的重要电气设备。

① 它可以"接通"或"断开"线路的空载电流和负荷电流。

② 当线路发生故障时，它和保护装置、自动装置配合，能迅速切断故障。

1. 断路器在运行中发热的应急处理办法

断路器发热时的应急处理办法是：发热严重导致断路器喷油时，应立即将断路器停用进行检修。如果断路器发热是由于断路器的容量不够，则应更换容量适当的断路器，否则，长期过热可能造成断路器突然故障，影响供电。

2. 断路器拒绝跳闸的应急处理办法

断路器拒绝跳闸的危害很大。拒绝跳闸时，可能造成越级跳闸，扩大故障范围，造成大面积停电；还可能烧坏电气设备。

断路器拒绝跳闸的应急处理办法是：首先判断清楚断路器确实拒绝跳闸，然后立即手动跳闸。即手动将跳闸线圈内的铁心顶上，使断路器跳闸。如有备用断路器，应手动跳闸后，立即合上备用断路器，尽可能减少停电时间，若备用断路器合上后，仍有拒绝跳闸的故障现象，则说明线路仍有故障，应立即将备用断路器手动跳闸，此时，说明直流电源有故障。

断路器的故障处理主要是根据原因的不同进行不同的处理。

3. 断路器拒绝合闸的应急处理办法

需要紧急投入备用断路器时，而备用断路器又因故合不上闸，说明线路有故障，需要排除。

4. 断路器自动跳闸的应急处理办法

断路器误跳闸的应急处理：若属于误操作，应立即进行合闸操作；若属于机构或操作回路中问题，则应立即进行处理。处理完后，手动合上断路器或利用重合闸合上断路器，保证对用户的正常供电，需要提出的是，若不属于误操作，在有备用断路器的条件下，应合上备用断路器，将中断供电时间减少到最低程度。

5. 断路器自动合闸的应急处理办法

当断路器自动合闸后，值班人员应立即将断路器分开。若自动合闸于短路点或接地的作业线路上，断路器因保护装置动作而跳闸，应对自动合闸后短路电流穿越的设备（包括断路器）进行检查，主要是检查设备有无被短路电流烧坏。

6. 断路器着火的应急处理办法

断路器着火时，首先应立即将断路器与电源脱离，然后用干粉灭火器灭火。

7. 断路器突然大量漏油的应急处理办法

若油位看不到，应立即切断断路器的操作电源，在手动操作把手上悬挂“不准合闸”的标示牌，然后对漏油部位进行处理后加油。需要指出的是，若有备用断路器，应尽快投入备用断路器，以减少对用户的停电时间。

8. 断路器事故跳闸的应急处理办法

变配电所电源柜过电流保护动作越级跳闸时，应先将馈出线断路器全部分闸，再重新将电源柜断路器合闸。此时若备用变配电所电源自动投入成功，主变配电所值班员应分两种情况做如下处理。

（1）自闭线路自身原因引起的断路器事故跳闸　先将自动闭塞柜的馈出线隔离开关断开，再按顺序将馈出线各个断路器合闸。如合闸于某个馈出线断路器时，电源柜断路器再次跳闸，则此馈出线断路器禁止合闸；其他各柜断路器恢复供电，然后对故障开关柜进行处理。

（2）地方电力系统引起的断路器事故跳闸　地方电力系统引起的主变配电所跳闸后，备用变配电所的电源向自动闭塞高压线路供电，并及时与供电局取得联系，问明原因并做好记录。

案例 7-8

“6.21”支持瓷瓶闪络击穿事故报告

2004 年 6 月 21 日 20：44，由于雷电、暴风雨天气，致使新月线获嘉变电所 8＃避雷动作一次，202B 母线支持瓷瓶闪烙击穿，202B 跳闸，造成新乡西—获嘉上、下行接触网无电。22:07 越区恢复新乡西—获嘉上、下行供电，中断供电 1 小时 23 分。

（一）事故概况

2004 年约 20:20 左右，新乡地区突降暴雨、大风、雷电。

20:42 获嘉变电所值班人员共同到高压室巡视，刚到高压门口，看到高压内有一个火球，听到放炮声，看到烟雾立即返回主控室。

20:44 获变 231 跳闸低压动作。202B 跳闸，B 相过流动作。灭火装置报警器响。

20:45 值班员和助理值班员共同复归各种信号，并向电调、生产调度和领工区汇报。同时 2＃自用变 10kV 照明停电。

20:47 去高压室巡视，高压室烟雾大，人员无法进入。

20:50 烟雾渐轻，人员随即进入高压室，对高压室内所有设备进行仔细认真巡视。

20:53 发现 202B 母线支持瓷瓶闪络击穿。

20:54 向电调申请事故处理。

20:56 新网接电调通知出动闭合新乡西—南场间隔离开关，采取越区供电方式送电。

21:07 分，新网人员集合完毕，十人出动。

21:24 分，要令人员到达西站信号楼，与电调联系。

21:50 分，要令人员接到断开新乡西—南Ⅱ场间 5＃隔离开关的倒闸命令 57012。

21:54 分，要令人员接到断开新乡西—南Ⅰ场间 6＃隔离开关的倒闸命令 57011。

22:00 分，操作人员根据 57012＃命令完成新乡西—南Ⅱ场间 5＃GK 的闭合；

22:06 分，操作人员根据 57011＃命令完成新乡西—南Ⅰ场间 6＃GK 的闭合；实现了越区供电。

2004 年 6 月 22 日恢复正常供电。

（二）原因分析

事故发生后，段领导及安全、技术科长和有关人员立即赶赴现场，查找原因。根据现场情况分析造成此次事故的原因是：雷电天气情况下，202B 支持绝缘子闪络击穿。

（三）措施

严格执行安全规程，加强巡视设备。

三、隔离开关非正常时的应急处理办法

1. 隔离开关自动掉落合闸故障的应急处理办法

隔离开关自动掉落合闸的应急处理：遇到此情况后，有关人员应分情况尽快进行处理。当断开的隔离开关一端有电，另一端是停电作业线路，开关自动掉落合闸后，将电送至作业区段，应尽快将隔离开关拉开；但在拉开时，必须在隔离开关所能担当的工作范围内，否则，此时保护未动或有关熔断器未熔断，将会造成带负荷操作隔离开关，扩大事故范围。当隔离开关上方有断路器，且断路器在断开位时，应按照有关安全规定，做好安全措施后及时进行处理。

2. 隔离开关拉不开的应急处理办法

隔离开关拉不开是指开关本身在合闸位置，需要分闸时开关拉不开。原因一般有：传动机构和刀口的转轴处生锈；在冬季，还有可能是冰、雪冻结。对应处理。

3. 隔离开关在运行中接触处过热的应急处理办法

但应注意，如发热隔离开关所带用户重要而暂时不能停电时，应采取人工风冷方式降低隔离开关温度，有关人员应对发热开关加强监视。

四、送电线路非正常时的应急处理办法

电力线路包括架空线路和电缆线路两种。

1. 架空线路导线的断股、损伤故障的应急处理办法

在巡视中发现导线断股、损伤时，应立即报告有关部门，及时进行处理，以防发生断线事故。

2. 导线雷害故障的应急处理办法

导线雷害主要是由直击雷和感应雷引起的。当线路遭受雷击发生故障后，若检查绝缘子和导线的烧伤并不严重，则可以重新合闸送电；若烧伤严重，则应将线路停电后进行处理。

3. 导线发热故障的应急处理办法

导线发热的主要原因是架空电力线路过负荷运行引起的。应对导线负荷进行监控并在导线过负荷时降低负荷，保证架空线路的安全运行。

4. 导线弧光短路故障的应急处理办法

① 导线过大时，将导线收紧，使导线的弛度符合有关标准。

② 导线弛度过小时，将导线放松，使导线的弛度符合有关标准。

五、单相接地故障的应急处理办法

单相接地故障的应急查找与处理：单相接地故障查找的方法较多。在现场，一般采用馈出线瞬时断开法查找故障点，优选法查找接地故障点、利用电力线路故障仪查找接地故障点，对于自动闭塞线路，可利用隔离开关作短时的断、合试验查找故障点。

第四节 人身安全

人身安全是指防止或清除运输、生产和基本建设中的不安全及有害健康的因素，保护劳动者在生产中的安全与健康。

电力人身事故是指各种因素造成的对电力工作人员的伤害，伤害程度有以下 3 种。

（1）轻伤 指造成人员肢体、某些器官功能性或器质性轻度损伤，致使劳动能力轻度或暂时丧失的伤害。

（2）重伤 指造成人员肢体残缺或某些器官受到严重伤害，致使人体长期存在功能障碍或劳动能力有重大损失的伤害。而人身事故在处理时，应根据人身事故当时的现场情况，分清职工属高空坠落、或者遭受物体打击、或者是触电事故，在现场首先采取相对应的正确的急救方法，对职工生命的挽救是有相当重要的意义的。

（3）死亡 按照对造成电力工作人员人身事故初始的原因分类，有：①触电；②高坠；③物体打击；④烧伤、冻伤；⑤动物咬伤；⑥溺水；⑦中暑、中毒。

电力工作人员人身伤亡事故等级如下。

① 轻伤事故。一次事故中只发生人员轻伤的事故。

② 重伤事故。一次事故中发生重伤（包括伴有轻伤）但无死亡的事故。

③ 死亡事故。一次事故中死亡 1 至 2 人（包括伴有重伤、轻伤）的事故。

④ 重大死亡事故。一次事故中死亡 3 人及以上，但构不成特大事故。

⑤ 特大事故—按国家有关规定界定。

一、人身触电事故与急救

已知人体的电阻一般在 800Ω 至几兆欧之间。而人体心脏所能承受的最大电流为 50mA，因此，800Ω×0.05A＝40V。根据环境的不同，中国规定的安全电压值为：在没有高度危险的建筑物中为 65V；在高度危险的建筑物中为 36V；在特别危险的建筑物中为 12V。

从现场运行实践看，人身触电事故主要是在电力设备的停电作业中，由于有关人员没有认真执行工作票制度、工作许可制度、工作监护制度、工作间断及转移工地制度、工作结束和送电制度，在停电、检电、接地封线、设置标示牌及防护物等方面存在漏洞导致。原因虽然较多，但基本都属于违章蛮干引起。

1. 人身触电事故的分类

人身触电事故在电力工作中最常见的是停电不彻底、误登有电设备、感应电、跨步电压、所持工具材料触及有电设备部分及在低压设备上带电作业时严重违章造成人员触电等。

① 停电不彻底。在电力设备停电作业中，由于停电分歧线较多，本应全部停电后才能进行电力检修工作，但将一分歧线忘记停电；或在一次设备上进行检修作业，而由于二次未断开有关开关，或开关虽然断开，但未做接地封线，造成停电不彻底。

② 误登有电设备。在电力设备停电作业时，因工作票漏洞、未正确布置工作、监护不到位等各种原因，造成电力工作人员误登没有停电的设备。如在电力线路某一段工作，而工作人员超越到线路的停电范围以外进行检修。又如在10kV线路较多、距离又较近的地方(有时候既有铁路的电力贯通线，又有自闭电力线，还有地方电力部门的10kV电力线路)，稍有不慎便会上错电杆。

③ 感应电。感应电的大小与两平行电线路的距离、平行线路的长度、电压高低及气候等情况有关。在电化区段，由于电力贯通线路、特别是自闭电力线路与电气化铁道平行，在电力（自闭）线路上就会感应出较高的电压；而还有一些区段，自闭线路或电力贯通线干脆与接触网同杆合架，其上的感应电压很高，足以危及人的生命安全。

④ 跨步电压。人在接地短路点周围行走或站立，两脚之间（距离约0.8m）的电位差。跨步电压会沿人的两腿产生电流，致双脚抽筋而跌倒，并因电流经人体的重要器官而对人身安全造成危害。跨步电压造成人员伤亡在地方电力系统发生过，在我国电气化铁路的历史上也发生过。

⑤ 在低压设备上作业时，由于违章使用金属工具（如铁尺、刀子等）或者使用木柄毛刷而铁皮部分所缠绝缘损坏或未缠绝缘等，在低压设备带电作业中短接两相而引起的电弧烧伤作业人员。

2. 人身触电事故抢救

电力工作人员发生触电事故后，在现场的其余人员应沉着冷静，采用安全、正确的方法将触电者尽快地脱离电源。触电者若在高空，在脱离电源时，应采取防止触电者高坠的措施，根据触电者的实际情况采取在现场实施抢救或尽快将触电者送医院急救。

触电急救原则：触电急救必须争分夺秒，立即就地用心肺复苏法进行抢救，并不断地进行，与此同时，应及早与医院联系，争取医务人员接替救治。在医务人员未接替教治前，不应放弃现场抢救，更不能只根据触电者没有呼吸或脉搏擅自判定触电者死亡而放弃抢救。放弃抢救的权利在于医生、也就是说，只有医生才有权做出伤员死亡的诊断。

抢救触电者的流程图一般为：脱离电源—现场处理与急救—医生抢救。

在这三个环节中，现场人员要正确、果断、迅速地完成脱离电源、现场急救这两项工作。

（1）脱离电源　若触电者尚未脱离电源，救护者应想方设法使其迅速脱离电源。因为电流作用人体的时间越长，触电者伤害越重。脱离电源，就是要把触电者接触的那一部分带电设备的开关、刀闸或其他断路设备断开；或设法将触电者与带电设备脱离。

触电者脱离电源后，应根据不同的情况进行不同的处理。若触电者神志清醒，应使其就地躺平，严密观察，暂时不要让其站立或走动。若神志不清醒，应使其就地仰面躺平，且确保触电者气道畅通，并用5s时间，呼叫伤员，或轻拍其肩部，以判定伤员是否丧失意识。禁止摇动伤员头部呼叫伤员。需要抢救的伤员，应立即就地坚持正确抢救，并设法联系医院接替抢救。

① 判定触电者的呼吸和心跳情况

触电者如意识丧失，应在10s内用看、听、试的方法判定触电伤员的呼吸及心跳情况。

看：看伤员的胸部、腹部有无起伏动作。有起伏动作，说明有心跳和呼吸。

听：用耳朵贴近伤员的口鼻处，听有无呼气声音。

试：试测口鼻有无呼气的气流，再用手指轻试一侧（左或右）喉结旁凹陷处的颈动脉有无搏动。

通过看、听、试后，若无呼吸又无颈动脉搏动，可判定呼吸心跳停止。应立即采取“心肺复苏法”进行急救。

② 利用心肺复苏法急救方法

触电伤员呼吸和心脏停止跳动是最危险的情况，弄不好伤员就会死亡，因此，救护人员应立即按照心肺复苏法的三项基本措施，正确进行抢救。

三项基本措施为：通畅气道；口对口（鼻）人工呼吸；胸外按压（人工循环）。

(2) 触电伤员的转移与转院　心肺复苏应在现场就地进行，不要为方便而随意移动伤员，如确有需要移动伤员时，抢救中断时间不应超过30s，移动伤员或将伤员送医院时，应使伤员平躺在担架上或平、硬木板上；但应注意，若躺在担架上时，担架上应放置平、硬木板。在移动或送医院过程中，应继续抢救，心脏呼吸停止者要继续用心肺复苏法进行抢救，在医务人员未接替抢救前不准中止抢救。应创造条件，将冰块砸碎，用塑料袋装入碎冰块，并作成帽子形状包缠在触电伤员头部（露出眼睛），使脑部温度降低，争取心肺脑完全复苏。

案例 7-9

孟××触电重伤事故

(一) 事故概况

1990年5月24日上午8点30分，巩县电力工区工长韩××同志分配张××、孟××、高××、张××四位同志上巩县4#井油漆高低压房间墙群，当时，安排工作既没有指定负责人，又没有签发安全工作命令记录簿和明确应采取安全措施。对低压配电房油漆后，张××安排张××上杆捅掉另克，张××只捅掉了两上边相，剩中相另克没桶，张××、高××、孟××当时站在杆子附近，随后，孟××、高××、张××依次进入高压间对墙群进行油漆。当孟××在变压器铝排下面刷漆站起来时，左面部和左肩部触及变压器中相高压铝排，造成孟××面部严重烧伤，左肩肿肩骨切除2/3，左脚除拇指外其余4指截去，右小腿截断的重伤事故。

(二) 原因分析

① 此次高压停电施工，既没有明确负责人，又未签发安全工作命令记录簿和明确应采取的安全措施，同时，停电不彻底，没有检电和封线，严重违反了电力安全规程1000号中第9条、13条、33条的规定，是造成这次事故的根本原因（主要原因）。

② 工作许可人、监护人责任心不强，没有尽到自己的职责，工作组员责任心不强，没有经许可人同意擅自进行作业，严重违反了电力安全规程1000号中第21条、22条、25条、26条的规定，也是造成这次事故的一个重要原因。

③ 四位同志参加施工，均没有穿工作服和绝缘鞋是造成这次事故的又一原因。

(三) 措施

严格执行相关规程。

二、人员高空坠落急救及创伤处理

（一）高空坠落

1. 急救高坠及创伤者的基本要求

原则为：先抢救，后固定，再搬运，并注意果取措施，防止伤情加重或感染。需要送医院救治的伤员，应立即做好保护伤员措施后送医院救治。

2. 止血

止血的基本要求：伤口渗血时应用较伤口稍大的消毒纱布折叠成数层覆盖到伤口上，然后用绷带进行包扎；若包扎后仍有较多渗血时，可再加绷带适当加压止血。

3. 高处坠落、撞击等外观未出血伤员的处理

高处坠落、撞击、物体打击、挤压等使人员可能内脏破裂出血，但外观看不到出血，此时伤员的表现为：面色苍白、脉搏微弱、气促、冷汗淋漓、四肢厥冷、烦躁不安，甚至神志不清呈休克状态。救护者应迅速使其躺平，抬高下肢，保持温暖，迅速送医院救治。若医院距离较远，送时需要时间较长，可给伤员饮用少量糖盐水。

4. 骨折伤员的急救

骨折的一般处理：骨折即骨头受外力而折断。肢体骨折时可用夹板或木棒、竹竿等将断骨上、下方两个关节固定，也可以利用伤员的身体进行固定。目的是避免骨折部位移动，减少疼痛，防止伤势恶化。

（二）烧伤人员的急救

1. 烧伤的范畴

烧伤的范畴较大，有电灼伤，火焰烧伤、水烫伤、高温气体烧伤及强酸、碱烧伤等。

2. 电灼伤、火焰烧伤、水烫伤、高温气体烧伤的处理

应保持伤员的伤口清洁，烫伤处的衣服和鞋袜用剪刀剪开后取掉，其他各处若影响烫伤处血液流通时也应剪去。伤员的伤口应用清洁布片全部覆盖，防止污染。四肢烧伤时，先用清洁冷水冲洗，然后用清洁布片或消毒纱布覆盖后送医院。

3. 强酸或碱烧伤的处理

当人员受到强酸或碱灼伤后，救护人员应立即用大量清水彻底冲洗，迅速将被侵蚀的衣物剪去。为防止酸或碱残留在伤口内，冲洗时间一般不少于10min。

救护人员应特别注意，未经医护人员同意，灼伤部位不宜敷搽任何东西和药物。送医院途中，可给伤员分多次少量服以糖盐水。

（三）冻伤人员的处理

冻伤可使肌肉僵直，严重时深及伤者骨骼。在救护时，应按照下列要求去做。

① 将伤员身上潮湿的衣服剪去，用干燥柔软的衣物覆盖，不得烤火或搓雪。

② 全身冻伤的伤员呼吸和心跳有时十分微弱，不应认为伤者已经死亡，应努力进行抢救，挽救其生命。

（四）动物咬伤人员的急救

1. 毒蛇咬伤的处理

2. 犬咬伤人员的处理

(五) 高温中暑人员的急救

1. 高温中暑的原因及症状

高温中暑比较常见，这主要是由于电力工作人员室外作业较多、烈日直射头部而导致。夏季酷暑时期，环境温度很高，饮水过少或出汗过多，将会引起电力工作人员中暑。中暑的一般症状为：恶心、呕吐、胸闷眩晕、嗜睡、虚脱，中暑严重者会发生抽搐、惊厥甚至昏迷。

2. 高温中暑人员的急救

发现有人中暑，应立即将中暑者从高温或烈日下移至阴凉通风处休息。用冷水擦浴，用湿毛巾覆盖身体，用电扇向中暑者吹风，或在头部放置冰袋等方法使中暑者降温；及时给中暑者服用盐水，严重者应送医院救治。

(六) 有害气体中毒人员的急救

1. 有害气体中毒时的现象

人员遇有害气体中毒时的现象为：中毒人员流眼泪、眼睛疼痛、咳嗽、咽部干燥等症状。稍重时，头痛、气促、胸闷、眩晕；严重者会引起惊厥昏迷。

2. 怀疑存在有害气体时人员的处理

若怀疑存在有害气体时，应立即将在现场的人员撤离到通风良好的处所休息。

3. 有害气体中毒人员的急救

已经中毒昏迷的人员应使其时刻保持气道通畅，有条件时给予中毒人员氧气，使其吸氧。呼吸心跳停止时，按照“心肺复苏法”进行抢救，并送医院救治。送医院之前，可以现场采取一些必要的措施，如图 7-2～图 7-14。

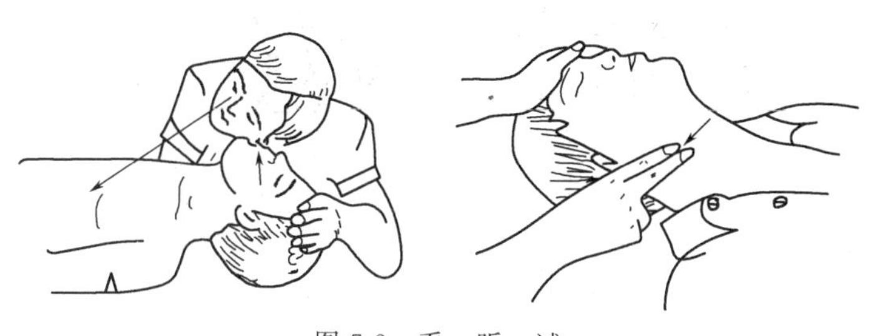

图 7-2 看、听、试

图 7-3 仰头抬颌法

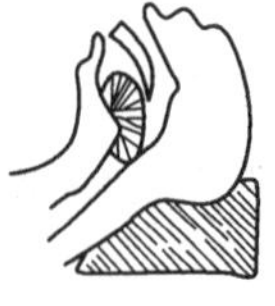

(a) 气道通畅　　(b) 气道阻塞

图 7-4　气道状态

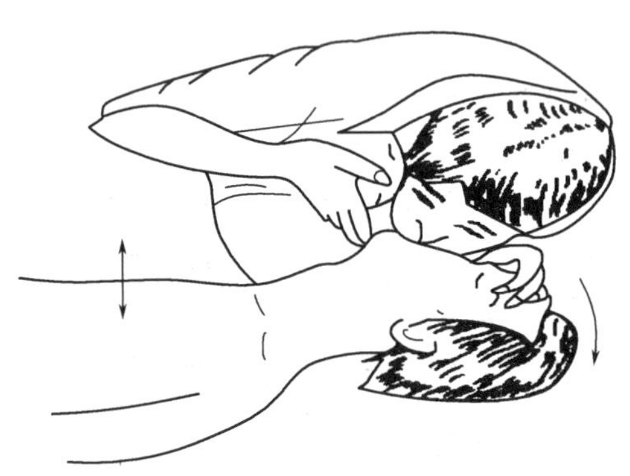

图 7-5　口对口人工呼吸

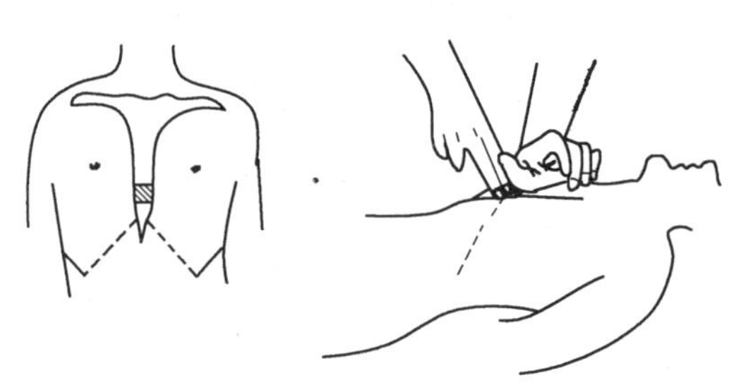

图 7-6　正确的按压位置

图 7-7　按压姿势与用力方法

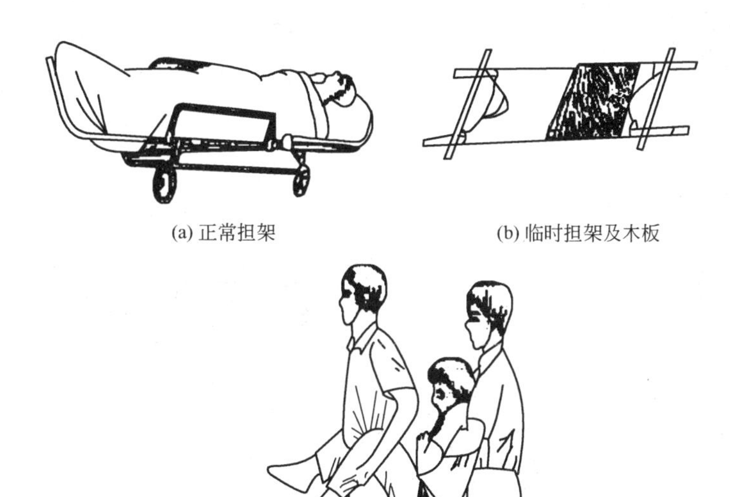

(a) 正常担架　　(b) 临时担架及木板

(c) 错误搬运

图 7-8　搬运伤员

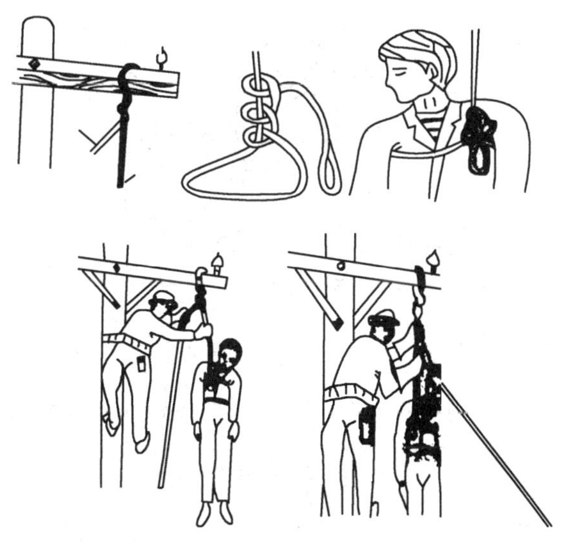

图 7-9　杆上或高处触电下放方法

图 7-10 止血带

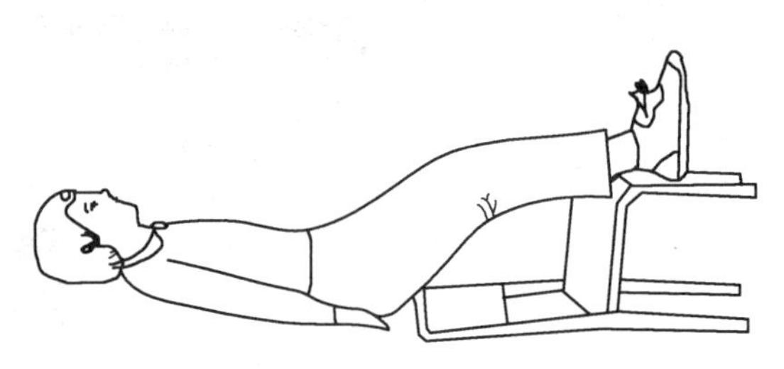

图 7-11 抬高下肢

(a) 上肢骨折固定

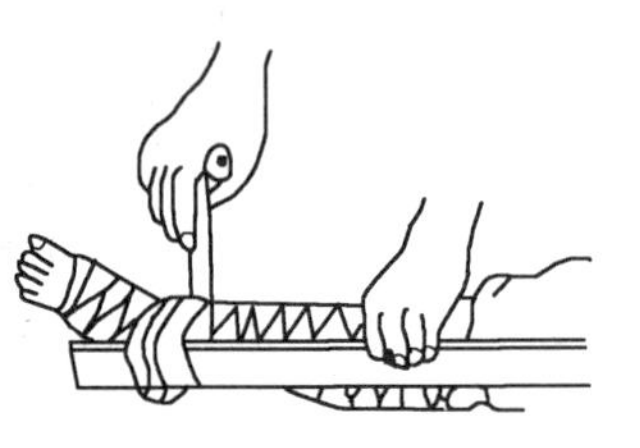

(b) 下肢骨折固定

图 7-12 骨折固定方法

图 7-13 颈椎骨折固定

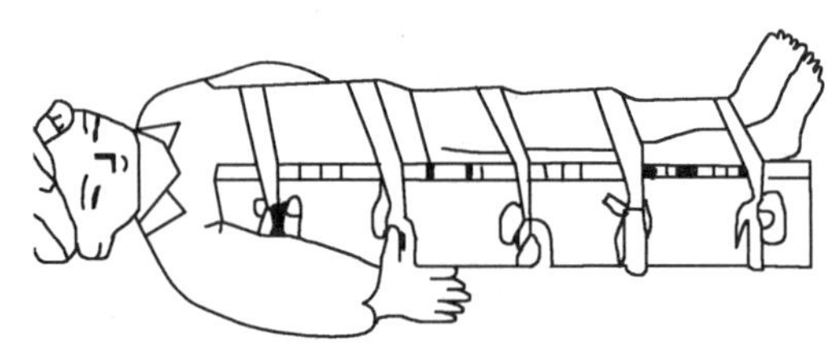

图 7-14 腰椎骨折固定

第八章　供用电计量管理

第一节　计量管理

铁路电力管理规定了铁路电力供用电计量必须遵守以下相关条例。

一、铁路供用电业务

办理用电申请、电能表的安装、移设、更换、拆除、加封、表计接线、过户、销户及抄表、收费（由供电单位直接收费的）等营业手续，应由供电段负责。用电单位在铁路供电系统增加用电设备时，应向供电单位办理用电申请手续，批准后方可供电，并不得擅自转供电力。铁路新建工程增加用电设备涉及变配电设备改造和增容时，由设计单位会同运营部门向电业部门办理有关手续。

供电单位应做好设备安全运行，遇有事故断电应尽快修复。行车供电设备计划检修停电，应编入铁路运输方案。供电设备计划检修停电，要提前通知重要用户。对用电有特殊要求的其他用户，可向供电单位提出申请，供电单位应尽量满足用户要求。为了确保供电系统的安全，用户总开关的保护整定值或熔丝的容量，必须由供电单位确定，不准随意变更。各单位自备发电机组在安装前须向供电单位提报防止反送电联锁装置方案，批准后方可接入电网。

二、电压等级和质量

（1）供电的额定电压

① 低压供电：单相 220V；三相 380V。

② 高压供电：常见的有 10kV、110kV、220kV。

（2）受电电压　根据用电容量、可靠性和输电距离，可采用 110.35（63）、10 千伏或 380/220 伏。

（3）用户受电端电压波动幅度应不超过额定电压的范围

① 35kV 及其以上高压供电的，电压正、负偏差的绝对值之和不超过额定值的 10%；

② 10kV 及以下三相供电的，为额定值的±7%；

③ 220V 单相供电的，为额定值的+7%～-10%；

④ 自动闭塞信号变压器二次端子，为额定值的±10%。

在电力系统非正常情况下，用户受电端的电压最大允许偏差不应超过额定值的±10%。

供电单位应经常对用户受电电压进行测定和调查。当供电电压达不到上述要求，且对运输生产有影响时，应采取改善措施。

(4) 铁路自备发电设备的周波变动不得超过标准周波的±2Hz/s。

三、用电计量

各用电单位及居民住宅等均应装设电能表。电费收缴办法由铁路局制定，对拒不交纳电费的用户，供电部门有权停止供电。

1. 供用电监察

① 执行国家、部、局供用电管理方针，政策和法规；

② 监督管内用户执行供用电协议和安全用电；

③ 检查并处理窃电和违章用电；

④ 制止影响铁路供电安全和运输安全的违章用电；

⑤ 纠正超越审批权限的用电；

⑥ 对重大及人身触电伤亡事故的检查，督促落实防止事故的措施；

⑦ 检查新装、扩建单位的用电设施，进行接电前的检查；

⑧ 监督两路电源的用户采取保安措施，防止在电网停电期间向电网反送电；

⑨ 制止路内外危及电力设施正常运行的建房和植树。

2. 违章用电及其处理

(1) 凡有下列性质者均属违章用电

① 采用不正当手段使电能表计量不准者；

② 在供电线路上私自接线用电者；

③ 未办理申请手续增加用电设备容量者；

④ 擅自扩大熔断器（熔丝）容量或用其他金属替代者。

(2) 对违章用电按下列规定处理

① 凡违章用电均按两倍电费额追补电费；

② 损坏供电设备者除赔偿外，并根据情况处以适量罚款。

③ 违章用电的日数及时间的计算，均以实际使用时间为准。若不能提出确切资料证明时，动力、电热负荷每日按十二小时，照明负荷每日按六小时，至少按三个月计算。

④ 对检举、揭发和查出违章用电者给予适当奖励。

供电部门对违章用电及浪费电力应采取措施加以纠正；对不合格设备应限期处理和改善；对有威胁人身安全及供电系统安全的重大缺陷，应立即停止供电，即时处理。

有关供用电管理办法、供用电监察制度实施细则由各铁路局制定。

案例 8-1

王××电弧伤害轻伤事故

(一) 事故概况

1990 年 3 月 13 日，洛东电力领工区业务组，在整车货场低压配电室更换电能表时，因停电不彻底，造成相间短路，电弧将王××脸部和右手烧伤。

(二) 原因分析

1990 年 3 月 13 日，洛东电力业务组王××、冯××等四名同志，按照段业务室安排，对计量用表进行周期性试验，在整车货场低压配电室更换电能表作业时，违反了铁路电力安全规程，王××等人违反了上述规定，在多回路设备上进行部分停电作业，停电不彻底，造成相间短路，是造成这次事故的根本原因。

（三）措施

严格执行安全工作规程1000号中第26条、35条之规定：在配电设备上进行邻近带电作业，工作组员不超过三人，且无偶然触及带电设备可能，而且工作组员正常的活动范围与带电设备之间的安全距离不少于0.2米的情况下方可进行。

第二节 节能管理

根据中华人民共和国国务院政府提出的环保节能要求，铁道部专门制定了有关法规。

一、用电设备负荷等级划分、供电原则、审批手续

根据用电设备的重要程度，电力负荷分为三级。

（1）一级负荷 中断供电将引起人身伤亡，主要设备损坏，大量减产，造成铁路运输秩序混乱。

属于此类负荷有：调度集中、大站电气集中联锁、自动闭塞、驼峰电气集中联锁、驼峰道岔自动集中、机械化驼峰的空压机及驼峰区照明、局通信枢纽及以上的电源室、中心医院的外科和妇科的手术室、特等站和国境站的旅客站房、站台、天桥、地道及设有国际换装设备的用电设备、内燃机车电动上油机械（无其他上油设备时）、局电子计算中心站。

一级负荷的供电原则：两路可靠电源确保即使在故障情况下也不间断供电，并对两路电源的转换时间有要求者。

一级负荷的认定原则：首先确定负荷设备在铁路运输生产中不允许间断工作，并提供相应的依据；所有负荷设备均具备不间断工作的条件；经上级有关领导确定后审批。

（2）二级负荷 中断供电将引起产品报废，生产过程被打乱，影响铁路运输。

属于此类负荷有：机车、车辆检修和整备设备、给水所、非自动闭塞区段的小站电气集中联锁和色灯电联锁器联锁、分局通信枢纽及以下电源室、调度通信机械室、编组站、区段站、洗罐站、大、中型客（货）运站、隧道通风设备、加冰所、医院、红外线轴温测试装置、道口信号。

二级负荷的供电原则：两路电源或一路可靠电源，确保除故障情况下的不间断供电。

二级负荷的认定原则：由各铁路局自行审批。

（3）三级负荷 不属于一、二级负荷者。

未列出的电力负荷，由各局根据上述原则划分。

（4）供电能力查定工作三年进行一次。查定办法按有关规定办理。

二、供电与用电

铁路供电与用电单位应密切配合，组织好生产，充分发挥供用电设备潜力，合理利用电力资源。铁路供电主要为铁路运输生产服务。对于路外用电，原则上不供给。当附近无其他部门电源，确又不影响运输生产用电时，经铁路局批准，可少量供电。自动闭塞电力线路必

须保证行车信号用电，原则上不准供给其他负荷用电，若接其他负荷，需经铁路局批准。

电力贯通线供电范围如下。

① 自动闭塞信号备用电源；中间站信号、小站电气集中、无线列调、车站电台、通信机械室等与行车直接相关的小容量设备；红外线轴温探测设备；车站信号室、通信机械室等处的重要照明设备；道口报警设备。供电能力允许时，可对其他重要的小容量二级负荷供电。

② 其他负荷需经铁路局批准。为大站电气集中、驼峰等一级负荷设置的两路独立电源，正常情况下，应保持两路经常供电。当一路停电时，另一路应保证供电。

两路电源的用户，严禁两路电源并列运行。电源互投转换装置由用户自行负责运行维护，除信号、医院等对转换时间有要求的部门可装设自动转换装置外，其他用户只允许装设手动转换装置。

三、供用电监察

① 执行国家、部、局供用电管理方针，政策和法规；

② 监督管内用户执行供用电协议和安全用电；

③ 检查并处理窃电和违章用电；

④ 制止影响铁路供电安全和运输安全的违章用电；

⑤ 纠正超越审批权限的用电；

⑥ 对重大及人身触电伤亡事故的检查，督促落实防止事故的措施；

⑦ 检查新装、扩建单位的用电设施，进行接电前的检查；

⑧ 监督两路电源的用户采取保安措施，防止在电网停电期间向电网反送电；

⑨ 制止路内外危及电力设施正常运行的建房和植树。

节约用电：供电部门应加强供电设备管理，努力提高变、配电所的力率、负荷率、变压器利用率，降低自损率。较大用电量的设备，用户应装设补偿装置，使力率保持在0.85以上。

节电量计算：按照铁路局规定的经济技术指标。

① 力率节电：每提高1%，按实际供电量的0.1%折算节电量；

② 负荷率节电：每提高1%，按实际供电量的0.05%折算节电量；

③ 利用率节电：每提高1%，按实际供电量的0.1%折算节电量；

④ 损失率节电：每提高1%，按实际供电量的1%折算节电量。

奖励办法由铁路局制定。

第九章　计算机报表

第一节　电力报表

为进一步规范电力设备运行，检修和安全基础管理工作，适应铁路电力设备不断发展变化的需要，根据《铁路电力安全工作规程》的规定，结合具体情况，重新制定了“停电作业工作票、倒闸作业票、安全工作命令记录簿实施细则”。

一、停电作业工作票

（一）签发和发出时间

“停电作业工作票”的签发是在办完或已落实停电通知，有批准的要点计划，有开工条件的前提下，方能办理工作票的签发手续。

① 签发和发票时间：“停电作业工作票”必须在工作的前一天18:00点以前，签发完毕并交给有关人员。若距离较远，工作票不能提前一天交给有关人员时，签发人根据签发好的工作票，18:00点以前先用电话通知，受话人必须做好记录，执行时仍按正式工作票为准。

② 应急工作可当天签发，但必须在“停电作业工作票”的左上角注明理由，否则按违章统计。

③ 事故紧急处理可不签发工作票和倒闸作业票，操作后记入工作日志并及时上报。

（二）停电作业工作票的填写与执行

(1) 编号要求　按签发单位月累计进行编号，如：3-1表示三月一号。

(2) 单位名称　所有作业组全称。

(3) 工作票签发人及手续

① 工作票签发人的条件和责任，按103号13条规定办理。

② 工程部门及外单位，在供电段供电设备上作业时，需提前到供电段有关部门联系，由供电段有关部门按规定签发工作票。

(4) 工作执行（领导）人、许可人、签发人的要求职责及关系，按103号13条、14条规定办理。

① 配电所内停电作业或需配电所停电并在所内做安全措施的外线作业，所内由配电所值班员担任许可人。

② 外线作业的许可人，由工作执行（领导）人指定，或由电力工区、配电外勤值班担任。

③ 工作组员不含执行（领导）人。

(5) 工作地点及任务要填写明确

① 配电所以一个或几个电气连接部分为单位，如：××配电所××母线段（或柜）停

电检修等。

② 电力架空（电缆）线路，停电及作业地段，注明线路的名称、起止杆号，分支线名称、起止杆号，双回路应注明各回路名称及编号。

(6) 计划工作时间、许可开工时间、发布开工命令时间、收工或接到工作已结束通知时间、拆除安全措施时间、恢复送电时间等要准确到“分”。

(7) 安全措施

① 应、已采取安全措施要求对照表如表9-1所示。

表9-1 安全措施要求对照表

应采取安全措施(签发人填写)	已采取措施(许可人填写)
①停电:应停运的柜名和应断开的线路隔离开关、断路器编号,包括填写前已停运的柜名和有返送电可能的供电设备	①已停运的柜名和应断开的线路隔离开关或断路器编号
②检封:明确检电、设置接地封线的地点、数量	②已在指定地点检电、设接地封线,编号数量
③明确加锁、挂牌、设防护的具体地点、数量和种类	③已在指定地点加锁、挂牌,设防护的数量和种类
④其他	④其他

② 经配电所停电，需做安措的外线作业，外线作业组所做的安措，除填入执行（领导）人携带的“停电作业工作票”内，仍应由许可人或执行（领导）人，用电话等方式通知值班员填入配电所工作票内。

③ 三点说明：

- 恢复送电按“倒闸作业票”进行，均不填入本栏内；
- “禁止合闸，有人工作!”标示牌，简化记录为“禁止合闸”牌；
- 自闭（贯通）电线路停电检修作业，若分成三、四个独立小区段进行检修，当完成第一区段任务后，其余二～四区段，按转移工地办理，独立检修小区段采取的安措应分别填在工作票内。

(8) 停电作业工作票程序如图9-1所示。

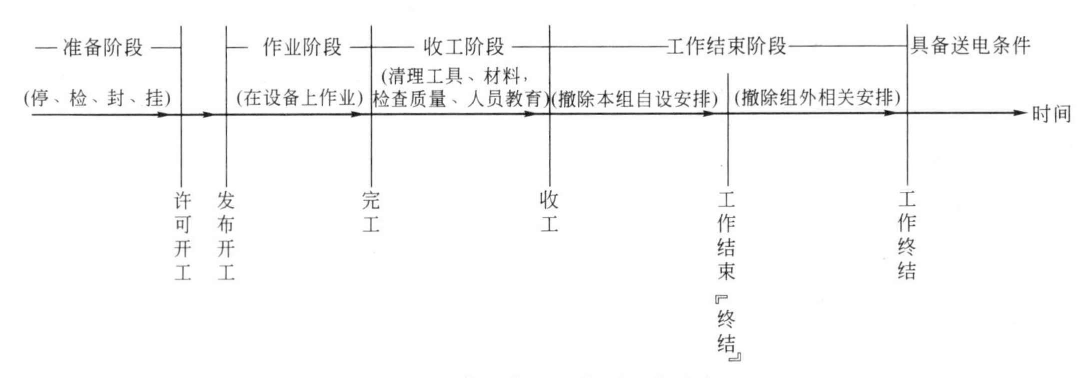

图9-1 停电作业工作票程序示意

对停电作业工作票中几个名词的定义如下。

① 开工：工作组员被允许开始在设备上进行作业（许可人设置或拆除安措不能视为正式的施工检修作业）。

② 完工：工作组员在设备上完成作业。

③ 收工：完工后工作组进行清理工具、材料，工作执行人检查工作质量，工作组员全

部从作业设备上撤离。

④ 工作结束：工作组收工后，撤除工作组自行设置的“安措”。

⑤ 工作终结：工作结束，非本工作组自行设置的“安措”也全部撤除，具备送电条件。

说明：只需工作组自行采取安全措施的作业（如：不涉及配电所停电做安措的线路作业），其“工作结束”和“工作终结”的含义相同。

（9）许可开工制度、工作结束和送电制度 按103号有关规定办理。

（10）工作票保存：工作结束后由作业班组保存半年。

二、安全工作命令记录簿

编号：各单位月累计进行编号。

三、倒闸作业票

1. 倒闸作业票的要求

“倒闸作业票”应根据工作票或调度命令由操作人填写，由工长或监护人签发。停、送电应分别填写“倒闸作业票”。

2. 倒闸作业票的具体说明

① 单位：倒闸作业操作单位。

② 编号：按操作单位自定顺序编号。

③ 倒闸作业的目的，除应写明倒闸原因外，还需写明是停（送）电。

④ 倒闸作业的根据：应根据工作票、电话命令或事故处理要求进行。

⑤ 倒闸作业时间，应写明倒闸作业的开始时间和结束时间，计时准确到“分”。

⑥ 倒闸操作内容及顺序，按103号规定办理，并将标示牌、防护物纳入“倒闸作业票”内。

⑦ 执行后加盖“已执行”或“作废”戳。

⑧ 保存：

- 按调度命令执行的倒闸作业票，单独合订，并保存三个月；
- 按停电作业工作票执行的倒闸作业票（包括按停电作业工作票要求，为作业提供方便提前实施的倒闸作业），与停电作业工作票合订，一并保存半年。

3. 倒闸操作结束

倒闸操作完毕后进行复查，并报告发令人。凡涉及改变自闭、贯通等一级负荷或相领辖区（车间、供电段、局）原有运行方式的倒闸作业，倒闸操作完成后应报告段调度。

四、电气运行术语规定

（一）常用术语解释（配电装置部分）

① 断路器：系指能断、合负荷及短路电流的开关，如少油、多油、真空断路器。

② 隔离开关：系指只能起明显断路作业，不能带负荷断合的开关，如三级联动或单极隔离开关（简称刀闸）。

③ 运行：系指上、下隔离开关及断路器均在合位，向线路或设备输送电能。

④ 停运：系指上、下隔离开关及断路器均在分位，其自动装置在取消位置。

⑤ 备用：系指上、下隔离开关均在合位，而断路器在分位，一经断路器合闸，即能向

线路或设备输送电能。

⑥ 自投解除：系指自动投入装置停用。

⑦ 重合闸装置解除：系指重合闸装置停用。

⑧ 备用先投：系指运行的自闭（贯通）供电一端配电所，因某种原因，自闭（贯通）柜断路器跳闸，另一端配电所自闭（贯通）柜断器先于原配电所重合闸动作时间，投入运行。

⑨ 主用先投：系指运行中的自闭（贯通）供电的配电所自闭（贯通）柜断路器因故跳闸，其自动重合闸装置先于邻所备投时间，使本所自闭（贯通）柜断路器合闸投入运行。

⑩ 恢复备用：将断路器两端隔离开关合上，断路器在分位，自动装置投入使用。

⑪ 切换倒闸：指由运行的一路电源，自动（手动）断开断路器，停止供电，并利用自动（手动）方式使另一路电源恢复供电的倒闸操作（其间有短时停电间隔）。

⑫ 并相倒闸：指两路电源并网和解列的倒闸操作。

（二）一般操作术语

① 断路器	断开	合上
② 隔离开关（刀闸）	断开	合上
③ 跌落式保险（另克）	断开	合上
④ 熔断器	装上	拔下
⑤ 接地封线	设置	拆除
⑥ 保护及自动装置	投入	解除
⑦ 变压器	投入	退出
⑧ 标示牌	挂上	摘下

五、停电作业工作票的三处修改

（1）原工作票中“机电力统-2”及“（1983 铁机字 1000 号）”删除。

（2）原工作票第 9 栏工作终结及送电，按表 9-2 修改。

表 9-2　停电作业工作票

收工或接到工作已结束通知		拆除安全措施				恢复送电	
		外　线		变(配)电所			
日时分	执行(领导)人签　字	日时分	许可人签　字	日时分	许可人签　字	日时分	许可人签　字

填写说明：

① 只有本工作组自设的安全措施，且只填发一份工作票的施工检修作业，按“收工”程序办理。

② 除本工作组自设安全措施外，还有组外其他相关的安全措施，且填发两份工作票的施工检修作业：

- 工作组（发给执行人或领导人）的工作票，按①要求办理；
- 另一份（发给配电所值班员）工作票，按“接到工作已结束通知”程序办理。

（3）原工作票第 11 栏转移工地记录，按表 9-3 修改：

表 9-3 倒闸作业工作票

工作地点	许可开工时间		开工时分	完工时分	撤除安全措施		行 （领导人签字）
	时分	许可人（签字）			时分	许可人（签字）	

附：《停电作业工作票》票样

票样

停 电 作 业 工 作 票

签发日期 2007 年 7 月 15 日　　　　　第 7-1 号

1. 单位：修试组　　工作票签发人：刘××　签字刘××

2. 工作领导人：______职务：______工作执行人：黄××职务工长

3. 工作组员：于××．张××．吴××．赵××．谢××．江××．于××．计 1 组 7 人

4. 工作票接到时间：（值班员）7 月 15 日 15 时 00 分裴××签字

工作执行（领导）人 7 月 15 日 15 时 20 分黄××签字

5. 工作地点及任务：乙配电所Ⅱ段母线停电检修______。

6. 计划工作时间：自 7 月 16 日 8 时 00 分至 7 月 16 日 18 时 00 分

7. 安全措施：如表 9-4 规定。

表 9-4 安全措施

应采取安全措施（签发人填写）	已采取措施（许可人填写）
一、停电 ①合母联柜； ②停运电源二柜； ③停运所变二柜； ④合环一刀闸； ⑤停运南环柜； ⑥停运母联柜； ⑦断开母隔 1MC1 刀闸； ⑧断开电源二室外 2DY3 及南环室外 2NH 刀闸	一、停电 ①已合母联柜； ②已停运电源二柜； ③已停运所变二柜； ④已合环一刀闸； ⑤已停运南环柜； ⑥已停运母联柜； ⑦已断开母隔 1MC1 刀闸； ⑧已断开电源二室外 2DY3 及南环室外 2NH 刀闸
二、检电封线 ①在电源二 2DY1 刀闸与室外 2DY3 刀闸间检电，设接地封线 1 组； ②在南环 2NH2 刀闸与室外 2NH3 刀闸间检电设接地封线 1 组； ③在母联 2ML0 断路器与母隔 1MG1 刀闸间检电，设接地封线 1 组	二、检电封线 ①已在电源二 2DY1 刀闸与室外 2DY3 刀闸间检电，设 1＃接地封线 1 组； ②已在南环 2NH2 刀闸与室外 2NH3 刀闸间检电设 2＃接地封线 1 组； ③已在母联 2ML0 断路器与母隔 1MG1 刀闸间检电，设 3＃接地封线 1 组
三、加锁挂牌 ①在电源二 2DY3．南环 2NH3 及母隔 1MG1 刀闸操作手柄上加锁各 1 把共 3 把，并挂“禁止合闸”牌各 1 个共 3 个； ②在电源二、南环、母联的 KK 开关上挂“禁止合闸”牌各 1 个共 3 个； ③在电源二、南环、母联的柜门上挂“已接地”牌各 1 个共 3 个	三、加锁挂牌 ①已在电源二 2DY3．南环 2NH3 及母隔 1MG1 刀闸操作手柄上加锁各 1 把共 3 把，并挂“禁止合闸”牌各 1 个共 3 个； ②已在电源二、南环、母联的 KK 开关上挂“禁止合闸”牌各 1 个共 3 个； ③已在电源二、南环、母联的柜门上挂“已接地牌”各 1 个共 3 个

8. 开工记录：如表 9-5 所示。

表 9-5　开工记录

许可开工				发布开工命令	
变(配)电所		外　线			
日时分	许可人签字	日时分	许可人签字	日时分	工作执行(领导)人签字
16/8:00	胡××			16/8:10	黄××

9. 工作终结及送电：如表 9-6 所示。

表 9-6　工作终结及送电

收工或接到工作已结束通知		拆除安全措施				恢复送电	
		外　线		变(配)电所			
日时分	执行(领导)人签字	日时分	许可人签字	日时分	许可人签字	日时分	许可人签字
16/17:05	黄××			16/17:45	胡××	16/17:55	胡××

10. 人员变动：原工作执行人：____离去，变更____为工作执行人。

变更时间：____年____月____日____时____分，工作票签发人______签字

原工作组员：________________离去增加：________________

__________为组员更加时间：____月____日____时____分，工作票签发人______签字

11. 转移工地记录：如表 9-7 所示。

表 9-7　转移工地记录

工作地点	许可开工时间		开工时间	完工时间	拆除安全措施		执行(领导)人(签字)
	时分	许可人(签字)			时分	许可人(签字)	

12. 工作票延期：有效期延长到____月____日____时____分，工作票签发人______。

13. 工作范围示意图：如图 9-2 所示。倒闸作业票如表 9-8～表 9-13。

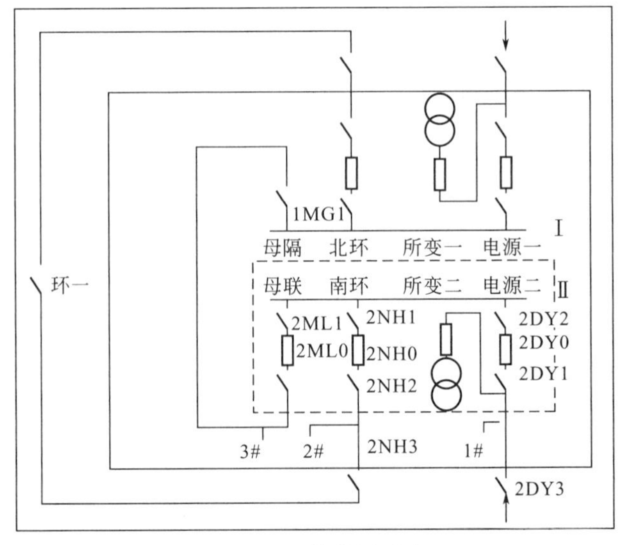

图 9-2　工作范围示意

表 9-8 倒闸作业票（一）

单位：乙配电所 第 1-1 号

倒闸作业目的：停电(乙配电所Ⅱ段母线检修)

倒闸作业根据：7-1 工作票

开始 7 月 18 日 7 时 10 分 完成 7 月 16 日 8 时 00 分

序号	倒闸作业内容及顺序	完成情况
一	停电：	
1	合上母联 2MLD 断路器	√
2	断开电源二 2DY0 断路器	√
3	断开电源二 2DY2 刀闸	√
4	断开电源二 2DY1 刀闸	√
5	断开电源二室外 2DY3 刀闸	√
6	断开所变二的二次侧开关	√
7	断开所变二的一次侧开关	√
8	合上环一刀闸	√
9	断开南环 2NH0 断路器	√
10	断开南环 2NH2 刀闸	√
11	断开南环 2NH1 刀闸	√
12	断开南环室外 3NH3 刀闸	√
13	断开母联 2ML0 断路器	√
14	断开母联 2ML 刀闸	√
15	断开母隔 1MG1 刀闸	√

倒闸操作者：______ 签发人：______

表 9-9 倒闸作业票（二）

单位： 第 1-2 号

倒闸作业目的：

倒闸作业根据：

开始 月 日 时 分 完成 月 日 时 分

序号	倒闸作业内容及顺序	完成情况
二	检电封线：	
1	在电源二 2DY1 与室外 2DY3 刀闸间检电	√
2	在电源二 2DY1 与室外 2DY3 闸间设 1＃接地封 1 组	√
3	在南环 2NH2 与室外 2NH3 刀闸间检电	√
4	在南环 2NH2 与室外 2NH3 刀闸间设 2＃接地封线 1 组	√
5	在母联 2ML0 断路器与母隔 1MG1 刀闸间检电	√
6	在母联 2ML0 断路器与母隔 1MG1 刀闸间设 3＃接地封线 1 组	√
三	加锁挂牌：	
1	在电源二室外 2DY3 刀闸手柄上加锁 1 把	√
2	在南环室外 2NH3 刀闸手柄上加锁 1 把	√
3	在母隔 1MG1 刀闸手柄上加锁 1 把	√
4	在电源二室外 2DY3 刀闸手柄挂“禁止合闸”牌 1 个	√
5	在南环室外 2NH3 刀闸手柄上挂“禁止合闸”牌 1 个	√
6	在母隔 1MG1 刀闸手柄上挂“禁止合闸”牌 1 个	√

倒闸操作者：________ 签发人：______

表 9-10　倒闸作业票（三）

单位：　　　　　　　　　　　　　　　　　　　　　　　　　　第 1-3 号

倒闸作业目的：

倒闸作业根据：

开始　月　日　时　分　　完成　月　日　时　分

序号	倒闸作业内容及顺序	完成情况
7	在电源二 KK 开关手柄上挂“禁止合闸”牌 1 个	√
8	在南环 KK 开关手柄	√
9	在母联 KK 开关手柄上挂“禁止合闸”牌 1 个	√
10	在电源二柜门上挂“已接地”牌 1 个	√
11	在南环柜门上挂“已接地”牌 1 个	√
12	在母联柜门上挂“已接地”牌 1 个	√

倒闸操作者：胡××　　　签发人：徐××

表 9-11　倒闸作业票（四）

单位：乙配电所　　　　　　　　　　　　　　　　　　　　　　第 2-1 号

倒闸作业目的：恢复送电（乙配电所Ⅱ段母线检修完成）

倒闸作业根据：7-1 工作票

开始 7 月 16 日 17 时 10 分　完成 7 月 16 日 17 时 55 分

序号	倒闸作业内容及顺序	完成情况
一	拆除封线：	
1	拆除电源二 2DY1 与室外 2DY3 闸间 1＃接地封线 1 组	√
2	拆除南环 2NH2 与室外 2NH3 刀闸间 2＃接地封线	√
3	拆除母联 2ML0 断路器与母隔 1MG1 刀闸间 3＃接地封线 1 组	√
二	摘牌解锁：	
1	摘下电源二室外 2DY3 刀闸操作手柄上“禁止合闸”牌 1 个	√
2	摘下南环室外 2NH3 刀闸操作手柄上“禁止合闸”牌 1 个	√
3	摘下母隔 1MG1 刀闸操作手柄上“禁止合闸”牌 1 个	√
4	摘下电源二室外 2DY3 刀闸操作手柄上的锁 1 把	√
5	摘下南环室外 2NH3 刀闸操作手柄上的锁	√
6	摘下母隔 1MC1 刀闸操作手柄上的锁 1 把	√

倒闸操作者：______　　　签发人：______

表 9-12 倒闸作业票（五）

单位：乙配电所　　　　第 2-2 号

倒闸作业目的:恢复送电(乙配电所Ⅱ段母线检修完成)

倒闸作业根据:7-1 工作票

开始　月　日　时　分　完成　月　日　时　分

序号	倒闸作业内容及顺序	完成情况
7	摘下电源二 KK 开关操作手柄上“禁止合闸”牌 1 个	√
8	摘下南环 KK 开关操作手柄上的“禁止合闸”牌 1 个	√
9	摘下母联 KK 开关操作手柄上的“禁止合闸”牌 1 个	√
10	摘下电源二柜门上“已接地”牌 1 个	√
11	摘下南环柜门上“已接地”牌 1 个	√
12	摘下母联柜门上“已接地”牌 1 个	√
三	送电：	
1	合上母联 2ML1 刀闸	√
2	合上母联 1MG1 刀闸	√
3	合上母联 2ML0 断路器	√
4	合上南环室外 2NH3 刀闸	√
5	合上南环 2NH1 刀闸	√
6	合上南环 2NH2 刀闸	√

倒闸操作者:______　　　签发人:______

表 9-13 倒闸作业票（六）

单位：乙配电所　　　　第 2-3 号

倒闸作业目的:

倒闸作业根据:

开始　月　日　时　分　完成　月　日　时　分

序号	倒闸作业内容及顺序	完成情况
7	合上南环 2NH0 断路器	√
8	断开环一刀闸	√
9	合上电源二室外 2DY3 刀闸	√
10	合上电源二 2DY1 刀闸	√
11	合上电源二 2DY2 刀闸	√
12	合上电源二 2DY0 断路器	√
13	断开母联 2ML0 断路器	√
14	合上所变二的一次侧开关	√
15	合上所变二的二次侧开关	√

倒闸操作者:胡××　　　签发人:徐××

第二节 变电所报表

牵引变电所工作票如表 9-14～表 9-16 所示。

表 9-14 牵引变电所第一种工作票（第 1 页）

______所（亭） 第　　号

作业地点及内容				
工作票有效期	自　年　月　日　时　分至　年　月　日　时分止			
工作领导人	姓名：　　　　安全等级：			
作业组成员姓名及安全等级（安全等级填在括号内）	（ ）	（ ）	（ ）	（ ）
	（ ）	（ ）	（ ）	（ ）
	（ ）	（ ）	（ ）	（ ）
	（ ）	（ ）	（ ）	（ ）
	共计　　人			

必须采取的安全措施 （本栏由发票人填写）	已经完成的安全措施 （本栏由值班员填写）
1. 断开的断路器和隔离开关： 2. 安装接地线的位置： 3. 装设防护栅、悬挂标示牌的位置：	1. 已断开， 确认：□ 2. 已安装，接地线号码： 确认：□ 3. 已装设， 确认：□

说明：1. 本票用白色纸印绿色格和字。2."已完成的安全措施"栏，每完成一项在方框内打√确认，所有措施完成后签字确认。

牵引变电所第一种工作票（第 2 页）

4. 注意作业地点附近有点的设备是： 5. 其他安全措施：	4. 已明确， 确认：□ 5. 已做好， 确认：□ 值班员______（签字）

发票日期：____年____月____日____发票人：____（签字）

根据供电调度员的第____号命令准予在____年____月____日____时____分开始工作。值班员：____（签字）

经检查安全措施已做好，实际于____年____月____日____时____分开始工作。工作领导人：____（签字）

变更作业组成员记录：________________________________

发　票　人：______（签字）

工作领导人：______（签字）

经供电调度员________同意工作时间延长到________年____月____日____时____分。

值　班　员：______（签字）

工作领导人：______（签字）

工作已于____年____月____日____时____分全部结束。

工作领导人：______（签字）

接地线共______组和临时防护栅、标示牌已拆除，并恢复了常设防护栅和标示牌，工作票于______年______月______日______时______分结束。

值　班　员：______（签字）

表 9-15 牵引变电所第二种工作票（第 1 页）

______所（亭） 第 号

作业地点及内容				
工作时间	自 年 月 日 时 分 至 年 月 日 时 分 止			
工作领导人	姓名： 安全等级：			
作业组成员姓名及安全等级（安全等级填在括号内）	（ ）	（ ）	（ ）	（ ）
	（ ）	（ ）	（ ）	（ ）
	（ ）	（ ）	（ ）	（ ）
	（ ）	（ ）	（ ）	（ ）
	共计 人			

必须采取的安全措施 （本栏由发票人填写）	已经完成的安全措施 （本栏由值班员填写）
1. 装设防护栅、悬挂标示牌的位置：	1. 已装设， 确认：□
2. 注意作业地点附近接地或带电的设备是：	2. 已明确， 确认：□
3. 注意作业地点附近不同电压的设备是：	3. 已明确， 确认：□ 值班员______（签字）

说明：1. 本票用白色纸印红色格和字。2.“已完成的安全措施”栏，每完成一项在方框内打√确认，所有措施完成后签字确认。

牵引变电所第二种工作票（第 2 页）

4. 绝缘工具状态：	4. 状态良好： 确认：□
5. 其他安全措施：	5. 已做好： 确认：□ 值班员______（签字）

发票日期：____年____月____日

发票人：______（签字）

根据供电调度员的第____号命令准予在____年____月____日____时____分开始工作。

值班员：______（签字）

经检查安全措施已做好，实际于____年____月____日____时____分开始工作。

工作领导人：______（签字）

变更作业组成员记录：______________________________

发 票 人：______（签字）

工作领导人：______（签字）

工作已于____年____月____日____时____分全部结束。

工作领导人：______（签字）

临时防护栅及标示牌已拆除，并恢复了常设防护栅和标示牌，工作票于____年____月____日 时____分结束。

值班员：______（签字）

表 9-16 牵引变电所第三种工作票

______所（亭） 第 号

<table>
<tr><td rowspan="2" colspan="2">作业地点及内容</td><td rowspan="2"></td><td colspan="2">发票人</td><td>（签字）</td></tr>
<tr><td colspan="2">发票日期</td><td></td></tr>
<tr><td>工作票有效期</td><td colspan="5">自 年 月 日 时 分 至 年 月 日 时 分 止</td></tr>
<tr><td>工作领导人</td><td colspan="2">姓名：</td><td colspan="3">安全等级：</td></tr>
<tr><td rowspan="5">作业组成员姓名及安全等级（安全等级填在括号内）</td><td>（ ）</td><td>（ ）</td><td>（ ）</td><td colspan="2">（ ）</td></tr>
<tr><td>（ ）</td><td>（ ）</td><td>（ ）</td><td colspan="2">（ ）</td></tr>
<tr><td>（ ）</td><td>（ ）</td><td>（ ）</td><td colspan="2">（ ）</td></tr>
<tr><td>（ ）</td><td>（ ）</td><td>（ ）</td><td colspan="2">（ ）</td></tr>
<tr><td colspan="5">共计 人</td></tr>
<tr><td colspan="3">必须采取的安全措施
（本栏由发票人填写）</td><td colspan="3">已经完成的安全措施
（本栏根据内容分别由值班员和工作领导人填写）
已完成，确认：□
值班员（工作领导人）______（签字）</td></tr>
</table>

已做好安全措施准予在____年____月____日____时____分开始工作。

值班员：______（签字）

经检查安全措施已做好，实际于____年____月____日____时____分开始工作。

变更作业组成员记录：____

发 票 人：______（签字）

工作领导人：______（签字）

工作已于____年____月____日____时____分全部结束。

工作领导人：______（签字）

作业地点已清理就绪，工作票于____年____月____日____时____分结束。

值班员：______（签字）

说明：1. 本票用白色纸印黑色格和字。2. “已完成的安全措施”栏，完成后在方框内打√确认、签字。

第三节 接触网报表

接触网工作票如表 9-17～表 9-19 所示。

表 9-17 接触网第一种工作票

________接触网工区　　　　　　　　　　　　　　　　　　　　　　　　　　第____号

<table>
<tr><td>作业地点</td><td colspan="2"></td><td>发票人</td><td></td></tr>
<tr><td>工作内容</td><td colspan="2"></td><td>发票日期</td><td></td></tr>
<tr><td>工作票有效期</td><td colspan="4">自　年 月 日 时 分 至　年 月 日 时 分 止</td></tr>
<tr><td>工作领导人</td><td colspan="2">姓名：</td><td colspan="2">安全等级：</td></tr>
<tr><td rowspan="5">作业组成员姓名及安全等级(安全等级填在括号内)</td><td>( )</td><td>( )</td><td>( )</td><td>( )</td></tr>
<tr><td>( )</td><td>( )</td><td>( )</td><td>( )</td></tr>
<tr><td>( )</td><td>( )</td><td>( )</td><td>( )</td></tr>
<tr><td>( )</td><td>( )</td><td>( )</td><td>( )</td></tr>
<tr><td colspan="4">共计　　　人</td></tr>
<tr><td>须停电的设备</td><td colspan="4"></td></tr>
<tr><td>装设接地线的位置</td><td colspan="4"></td></tr>
<tr><td>作业区防护措施</td><td colspan="4"></td></tr>
<tr><td>其他安全措施</td><td colspan="4"></td></tr>
<tr><td>变更作业组成员记录</td><td colspan="4"></td></tr>
<tr><td>工作票结束时间</td><td colspan="4">年　　月　　日　　时　　分</td></tr>
<tr><td>工作领导人签字</td><td colspan="2"></td><td>发票人签字</td><td></td></tr>
</table>

表 9-18 接触网第二种工作票

________接触网工区　　　　　　　　　　　　　　　　　　第____号

作业地点		发票人		
工作内容		发票日期		
工作票有效期	自 年 月 日 时 分 至 年 月 日 时 分 止			
工作领导人	姓名：	安全等级：		
作业组成员姓名及安全等级（安全等级填在括号内）	（ ）	（ ）	（ ）	（ ）
	（ ）	（ ）	（ ）	（ ）
	（ ）	（ ）	（ ）	（ ）
	（ ）	（ ）	（ ）	（ ）
	共计　　人			
绝缘工具状态				
安全距离				
作业区防护措施				
其他安全措施				
变更作业组成员记录				
工作票结束时间	年　月　日　时　分			
工作领导人签字		发票人签字		

表 9-19　接触网第三种工作票

______接触网工区　　　　　　　　　　　　　　　　　　第____号

作业地点		发票人		
工作内容		发票日期		
工作票有效期	自　年 月 日 时 分 至　年 月 日 时 分 止			
工作领导人	姓名：	安全等级：		
作业组成员姓名及安全等级（安全等级填在括号内）	（ ）	（ ）	（ ）	（ ）
	（ ）	（ ）	（ ）	（ ）
	（ ）	（ ）	（ ）	（ ）
	（ ）	（ ）	（ ）	（ ）
	共计　　人			
安全措施				
变更作业组成员记录				
工作票结束时间	年　　月　　日　　时　　分			
工作领导人签字		发票人签字		

第四节　其他报表

牵引供电设备运行概况如表 9-20 所示。

天窗利用率统计如表 9-21 所示。

表 9-20　牵引供电设备运行概况表

填报单位：郑州供电段　　　　　　1999 年　10　月

线别	所别	牵引变压器	容量	受电量	供电量 总计	供电量 牵引	供电量 非牵引	供电量 变电所自用电	损失电量及损失率 变电所	损失电量及损失率 %	损失电量及损失率 接触网	损失电量及损失率 %	无功电量	功率因数	负荷率 最大	负荷率 最小	主变利用率 最大	主变利用率 最小	接触网末端电压 最低	接触网末端电压 供电区段	馈电线电流 最大电流	馈电线电流 持续时间	馈电线电流 供电区段	馈电线过负荷跳闸 件数	馈电线过负荷跳闸 累计停时
		MVA	台	mkwh	mkwh	mkwh	mkwh	mkwh	mkwh		mkwh		mkwh	%	%		%		KV		A	min			h
1	2	3	4	5	6	7	8	9	10	11	12	13	14	15	16	17	18	19	20	21	22	23	24	25	26
总	计	181.5	4	23.5	22.1	22.1	0.000	0.015	0.141	0.6	1.244	5.3	4.5	98.2	62	58	22	14	24.0	郑-铁	900	1	郑-铁	0	0.00
陇海	郑北	31.5	1	3.6	3.4	3.4	0.000	0.005	0.022	0.6	0.173	4.8	1.4	93.2	62		15		24.0	郑-铁	900	1	郑-铁	0	0.00
京	小计	150.0	3	19.9	18.7	18.7	0.000	0.010	0.119	0.6	1.071	5.4	3.1	98.8	61	58	22	14	24.0	广-忠	590	1	薛-五	0	0.00
	广武	50.0	1	5.1	4.8	4.8	0.000	0.003	0.032	0.6	0.265	5.2	0.0	100.0	58		14		24.0	广-忠	500	1	广-忠	0	0.00
	薛店	50.0	1	6.6	6.2	6.2	0.000	0.002	0.042	0.6	0.356	5.4	1.1	98.6	59		18		24.0	薛-长	590	1	薛-五	0	0.00
广	临颍	50.0	1	8.2	7.7	7.7	0.000	0.005	0.045	0.5	0.450	5.5	2.0	97.2	61		22		25.0	临-长	580	1	临-漯	0	0.00
备注																									

段长：茹国富　　　　科长：张道俊　　　　制表：扬健　　　　1999年 11月 1日

表 9-21 天窗利用率统计

机报五

报表年：2005 报表月：10 查看

接触网检修 “天窗”概况表

线别	网工区	图定天窗	可利用天窗	申请计划	停电时间	允许作业时间	实际作业时间	计划率	兑现率	利用率	上网率 应作业人数	上网率 实际作业人数	上网率 百分率	天窗损失分析 合计	百分率	供电	百分率	其中 运输	百分率	天气	百分率	其它	百分率
		h	h	h	h	h	h	%	%	%	名	人次	%	h	%	h	%	h	%	h	%	h	%
1	2	3	4	5	6	7	8	9	10	11	12	13	14	15	16	17	18	19	20	21	22	23	24
京广线	临颍	102	89.7	94.5	89.7	83.6	83.6	105.9	95.2	100.5	1584	1464	92.4	0	0		0		0		0		0
京广线	许昌	102	51	70.5	50.9	48.3	48.3	139.2	72.3	99.4	1402	1383	98.6	.1	0			.1	0				
京广线	长葛	102	71.4	78	71.4	65.5	65.5	109.2	91	100.8	748	738	98.7	0	0		0		0		0		0
京广线	新郑	96	48	48	25.4	24	24	100	52.1	100	425	408	96	22.6	47.9			19.6	88.5	3	13.3		
京广线	谢庄																						
京广线	五里堡	96	48	48	24	22.4	22.4	100	50	98.2	224	215	96	24	50			19.5	83.3	4.5	20.8		
京广线	南阳寨																						
京广线	广武	102	51.5	52	42.7	35.4	35.4	101	82.7	98.9	390	390	100	8.8	17.5			8.8	102.3				
陇海线	上行	27	3.3	3.3	3.3	2.9	2.9	90.9	90.9	103.4	12	12	100	0	0		0		0		0		0
陇海线	下行	22.6	28.4	28.6	28.4	26.4	26.4	102.1	97.9	98.5	324	308	95.1	0	0		0		0		0		0
陇海线	西站	37.8	37.8	37.8	28.9	27.4	27.4	100.5	76.7	98.5	672	609	90.6	8.9	23.8			8.9	101.1				
陇海线	客站	27	27	27.3	1	.9	.9	100	3.7	111.1	26	25	96.2	26	96.3			26	100				
陇海线	五里堡																						

参 考 文 献

[1] 《铁路交通事故应急救援和调查处理条例》. 北京：中国铁道出版社，2007.
[2] 《铁路电力安全工作规程》. 北京：中国铁道出版社，1999.
[3] 《牵引变电所安全工作规程》. 北京：中国铁道出版社，1999.
[4] 《接触网安全工作规程》. 北京：中国铁道出版社，2007.
[5] 《电气化铁路有关人员电气安全规则》. 北京：中国铁道出版社，1979.